从柏拉图到
ChatGPT

——智能内容生成的九个关键问题

李睿深　刘　静　张潆月　著

国防工业出版社 ｜ 北京

图书在版编目（CIP）数据

从柏拉图到 ChatGPT：智能内容生成的九个关键问题／李睿深，刘静，张潆月著．－－北京：国防工业出版社，2023.5
ISBN 978-7-118-12973-1

Ⅰ.①从… Ⅱ.①李… ②刘… ③张… Ⅲ.①人工智能—应用—自然语言处理—软件工具 Ⅳ.①TP391 ②TP18

中国国家版本馆 CIP 数据核字（2023）第 067803 号

从柏拉图到 ChatGPT——智能内容生成的九个关键问题

李睿深　刘　静　张潆月　著

选题策划　刘　翾
责任编辑　赵国星　宫一冲
美术编辑　徐　鑫
出版发行　国防工业出版社
社　　址　北京市海滨区紫竹院南路 23 号
电　　话　010-88540777
网　　址　www.ndip.cn
印　　刷　北京富博印刷有限公司
开　　本　880×1230　1/32
印　　张　7¾
字　　数　160 千字
版　　次　2023 年 5 月第 1 版
印　　次　2023 年 5 月第 1 次印刷
印　　数　1—8000 册
定　　价　68.00 元

献给我的父亲

前言 PREFACE

2023年4月，北京大学以"温暖的死亡"为主题举办了第五届北京大学清明论坛。中国科学技术协会名誉主席、中国科学院院士韩启德先生在开幕式致辞中谈到他与ChatGPT的一次互动：

最近，ChatGPT的发布引起轰动，我请一位朋友替我问了它一个问题："我已经78岁了，很怕死怎么办？"它的回答是："作为人类，每个人都有生老病死的命运，我们无法改变自己的生命长度，但是我们可以尝试让自己的生活更有意义、更值得珍惜，以及更好地享受自己的生命。以下是一些建议，可以帮助您更好地度过人生的余年。"然后，它从保持积极心态、关注身体健康、寻找兴趣爱好、维系社交网络和关注心理健康等五个方面分别给出几句话的建议。这样的回答，从内容和文字而言，可谓完美，令人称奇。但它讲的那些道理却并无助于消除对死亡的恐惧。与其可以比较的是我最近读到李泽厚先生在《哲学探寻录》中的一段话，李先生写道：慢慢走，欣赏啊，活着不易，品味人生吧。"当时只道是寻常"，其实一点也不寻常。即使"向西风回首，百事堪哀"，它融化在情感中，也充实了此在。也许，只有这样，才能战胜死亡，克服"忧""烦""畏"。只有这样，"道在伦常日用之中"才不是道德的律令、超越的上帝、疏离的精神、不动的理式，而是人间的温暖、欢乐的春天。它才可能既是精神又为物质，既是存在又是意识，是真正的生活、生命和人生。品味、珍惜、回首这些偶然，凄怆地欣赏生的荒谬，珍重自己的情感生存，人就可以"知命"；人就不是机器，不是动物；"无"在这里便生成为"有"。李泽厚先生的这番解读，赋予死亡禅意与诗意，让我心中溢出汩汩暖流，覆盖了由死亡恐惧所产生的缕缕寒意。是的，死亡可以是温暖的。①

生死是人生几大终极疑问之一。从柏拉图和孔子所在的时代开始，人类哲学家们对于这些终极问题进行了难以计数的探索，试图找到一个方法能够解释世界、解释社会、解释人生。几千年的时间中，人类先是用神学和神谕、后是用科

---

① 韩启德院士：关于生死，我向 ChatGPT 提了一个问题 [N/OL]. 凤凰网，2023-04-05. https://news.ifeng.com/c/8OjIBUtgeLF.

学和理性乃至意识形态来对自然界和社会作出解释。那么当下，人工智能，特别是像 GPT 这样的智能内容生成技术应用，有可能成为下一个为人类答疑解惑的"终极工具"吗？

对科普写作而言，ChatGPT 和 GPT-4 所引发的影响，无疑是目前中国社会最值得关注的现象之一。尽管在动笔之前，北京师范大学中国社会管理研究院的相关团队已经就此写了一些文章和报告，但当我们领受了这本图书的撰写任务，试图系统地、深入地思考智能内容生成技术对于社会各方面影响的时候，才发现我们其实对相关问题的理解还远远不够，在很多方面还存在严重的知识缺陷，这种缺陷不仅是相较于同行而言，也是相较于 ChatGPT 这个近乎全知的智能内容生成技术而言，更是相较于回答这些问题本身所需的储备与思考而言。

好在本书是一本科普读物，可以稍稍脱离学术的严谨，叙事适度欢脱，于是我们选取了最有可能与智能内容生成技术联系和作用的九个领域，以自问自答的方式，逐一对其历史规律、现状和 GPT 对其的影响以及未来展望三个方面进行了探讨。同时，作为一本讨论智能内容生成技术的科普读物，ChatGPT 本尊的发声是必不可少的，因此每章的最后一节，都附上了 ChatGPT 对于该领域相关疑问的回答。除去技术领域本身的介绍以外，本书涉及的其他八个领域大致分布如下：

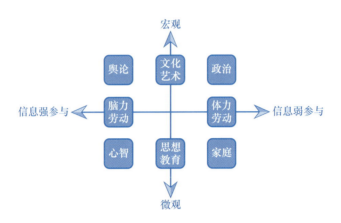

这些问题虽然隐含一些内在逻辑，但我们无意也无力将其作为智能内容生成技术如何影响社会的解释体系，请各位朋友以批判的眼光看待本书。如果本书能引发对相关问题的争鸣与讨论，我们将不胜欣慰。授人以鱼不如授人以渔，一部科普作品的成功标准，不是令人信服某种结论，而是激发对知识的好奇、对探索的热爱。受水平所限，本书错漏之处必多，我们在此先行赔罪，唯愿不会因此影响各位的思考兴致。

快看，快看！那边有个神秘高手在海上钓鱼，它的名字好像是叫 GPT……

李睿深

2023 年 4 月

目 录 CONTENTS

技术探源：GPT 是不是通用人工智能？

1.1 语言与智慧 / 004

1.2 GPT 之能 / 011

1.3 未来未来 / 021

1.4 AI 的回答 / 027

思想教育：算法能不能取代教师？

2.1 柏拉图与"柏拉图" / 032

2.2 教育之困 / 040

IX

2.3 智能教育　/　044

2.4 AI 的回答　/　049

艺术文化：机器与人谁更适合成为艺术家？

3.1 作家、画家与魔术　/　056

3.2 后现代艺术　/　062

3.3 后人类文明　/　071

3.4 AI 的回答　/　076

脑力劳动：科学家和机器人谁是谁的助手？

4.1 洞穴隐喻　/　084

4.2 螺旋和范式　/　090

4.3 数字理性　/　097

4.4 AI 的回答　/　102

目 录

体力劳动：人工智能会引发失业潮吗？
5.1 工业革命 / 110

5.2 机器换人 / 116

5.3 未来职场 / 121

5.4 AI 的回答 / 128

个人心智：谁才是万物之灵？
6.1 认知之谜 / 136

6.2 思维之惑 / 146

6.3 机器有点小情绪 / 154

6.4 AI 的回答 / 160

家庭婚姻：机器人会成为人类的家人吗？
7.1 门当户对 / 168

7.2 何以家为 / 175

7.3 机器家人 / 181

7.4 AI 的回答 / 185

社会舆论：算法为谁而鸣？

8.1 驴与舆 / 194

8.2 主体、客体和本体 / 200

8.3 后真相时代 / 206

8.4 AI 的回答 / 214

政治活动：GPT 可以当美国总统吗？

9.1 技术与社会 / 220

9.2 民众与政客 / 223

9.3 开始与结束 / 229

9.4 AI 的回答 / 233

技术探源：GPT 是不是通用人工智能？

第 1 章　技术探源：GPT 是不是通用人工智能？

ChatGPT 于 2022 年 12 月正式上线后，短时间内即以强大的功能和友好的界面受到大众的追捧。对于一些技术人员和观察家来说，这是一个意外之喜，因为业内大多数人期待的是按原计划即将官宣 GPT-4，没想到半路杀出一个程咬金——3.5 版的 ChatGPT。尽管从技术上看 ChatGPT 比 2020 年发布的 GPT-3 并没有跨时代的飞跃，但在实用性和易用性方面，ChatGPT 无疑是极其出色的一款产品，不管哪个年龄段的人，不论什么文化水平、什么职业，几乎都能与 ChatGPT 聊得不亦乐乎。正式上线后的一个月内，ChatGPT 就成为了史上最火爆的应用程序。

2023 年 3 月 GPT-4 如约而至，但由于 ChatGPT 珠玉在前，或者说其社会热潮还未退却，GPT-4 在技术上的先进性并没有显得那么耀眼，导致有媒体直接将其称为 ChatGPT-4，甚至将 ChatGPT 视作通用人工智能的到来，而将 GPT-4 等其他应用视作通用人工智能的一部分。事实果真如此吗？这可能需要从通用人工智能是什么说起了。

1.1 语言与智慧

语言和文字是人类作为智慧生物区别于其他生物的最核心标志之一。文字发明之前的人类社会，尽管人类可以通过语言交流信息、分享智慧，但口口相传的方式很难实现智慧的跨代传播和远距离传播，一代又一代人不得一次次重复前人的工作，导致大部分智慧成果被时间和空间耗散了，得以留存的仅占极少部分，人类的文明进化程度极为缓慢。

文字的发明改变了这一切。通过将人类语言的声音信号"写下来"形成图像化的符号系统，人类得到了一个比自身生命更长久、比记忆更牢靠的"接力棒"，这可能是人类史上第一个在能力上超越自身的人工制品，从此人类借由文字系统得以克服时间和空间的限制，传承智慧赓续文明了。也因此，今天的人类得以知道 4000 年前的汉谟拉比法典中每个法条、每个词汇的准确含义而不会误解。毫不夸张地说，

第 1 章 技术探源：GPT 是不是通用人工智能？

人类文明的全部智慧都是以语言文字为核心组织起来的。

为了充分发挥语言文字对于知识生产和智慧传承的推动作用，人类很早就致力于将其发展成各种各样的工具。在轴心时代的古希腊，柏拉图、亚里士多德等西方先贤，以如何运用文字为核心构建了一套生产知识的方法。其中最具代表性的《修辞学》(又名《雄辩术》)一书强调了"晓之以义""推之以理""动之以情"三位一体的方法，通过对文字运用规则的梳理形成了逻辑学的基本原理。此时的逻辑就是如何使用文字以使其规范易懂，从而比个性跳脱的口头语言更加适宜传播思想和知识。这种被现代人称为"形式逻辑"的规则世代流传沿用至今，成为西方世界哲学社会科学和自然科学的根本源流。

拉斐尔的名作《雅典学院》
(画面正中的为柏拉图和他的弟子亚里士多德)

轴心时代的东方文字与古希腊"画声音"的拼音文字具有很大不同。汉字并不是来源于口头语言的发音,而是对于人类所见所思图像的映射和记录;从功能上看,直到白话文运动兴起之前,汉字的主要功用始终不是口头语言的直接记录,而是用作思想和知识的整理性记录。所以,汉字在形成之初就已经内含了一套较为复杂的使用规则。

中国古代象形文字

古埃及象形文字

从这一点来讲，虽然古代中国人学说话和古希腊人学说话难度差异不大，但在学书写方面，掌握"写图像"则要比掌握"写声音"难得多。古代中国人必须同时学会汉字符号及其复杂规则，才能顺畅使用文字；古希腊人可以先学字母和拼读，把"写声音"的问题解决掉了，有时间有精力再去解决文字运用规则的问题。这也是古希腊人的识字率高达30%的重要原因之一。

另一方面，拼音文字的自然拼读方式虽使其更易普及，但也不可避免地使其不够稳定。人类的口头语言发音变化实在太快了，这就导致了一个令西方人非常头大的问题：一段知识用文字记录下来也许不到一百年其含义就面目全非了。如在1665年出版的《失乐园》中，"你的"一词的英文写法是"thy"而不是现在的"yours"。汉字在这方面却好得多，掌握了汉字的人，对于数千年前的文字记录也是能够准确理解的，因为"写图像"的汉字就是为此而设计的。这也为历史上的"书同文"提供了极大的便利，无论各地的方言发音差异有多大，都很容易统一于图像化的汉字符号。

时间来到启蒙时期，这个时候的欧洲人已从古希腊基于文字的形式逻辑发展出一套更加稳定、专门用于知识生产的独立符号系统，以及作为其运用规则与其配套的"数理逻辑"。笛卡儿的坐标系，牛顿、莱布尼茨的微积分，令这套科学语言更上层楼，人类的知识生产突飞猛进，人类的智慧终于不再局限于个体的大脑和使用同种文字的人类之间,而是可以超越语言文字的差异高效率地展开,人类社会文明进入了科学高度昌明的时代。

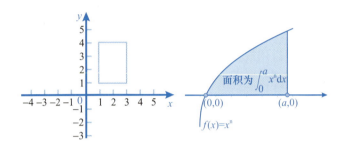

笛卡儿坐标系和微积分

无论是"写声音"还是"写图像",或者是对于配合数理逻辑使用的科学符号,人类始终致力于通过深挖书写符号这一大脑之外的工具,激发自身知识生产、记录和传播的巨大潜力,文字、声音和图像三者之间的微妙关系及其历史流变,带给不同地域人们以不同形式的启迪和助力。总的来看,以书面文字为主的智慧发展方式,是以人类大脑的内在功能为主,书面文字作为外在的辅助工具而存在的。人脑与工具的这种主从关系,从文字的发明开始,一直到计算机和人工智能的出现才有所变化。

第二次世界大战期间,科学家发现仅凭已有的科学符号系统开展科学研究,已经无法满足实践的需要,即便是人类数千名顶尖数学家不眠不休工作数百年,也无法破解"英格

第 1 章 技术探源：GPT 是不是通用人工智能？

图灵的"炸弹机"

玛"密码，于是图灵的"炸弹机"横空出世了。这台笨重的机器没有一丝一毫聪明智慧的样子，但能在一天之内完成密码破解，这无疑是人类智慧发展史上的里程碑。几乎同一时间，冯·诺伊曼提出的计算机基础结构，则为这种全新的工具奠定了沿用至今的设计标准，人类社会从此拉开了机器主导知识生产的时代帷幕。

图灵为计算机赋予了智慧的意义，冯·诺伊曼为其制定了外貌和骨骼。但计算机这一"智慧机器"如何才能真正具有人类一样的智慧呢？就在图灵英年早逝后两年、冯·诺伊曼病重期间，著名的达特茅斯会议召开了，"人工智能"这一名词的提出，为智慧机器的能力发展制定了明确的目标——以科学技术方法制造出智能机器。

卓越的人类科学家们或许从人类自身的进化史中汲取了经验，他们利用计算机语言作为机器学习、推理和演算的工具，希望如人类新生儿一般懵懂的计算机，能够借助机器语言学习和理解人类的智慧，而且能够利用自身独有的符号系统来更高效率地开展知识生产。

这就是 GPT 的核心所在——自然语言处理技术。

第 1 章 技术探源：GPT 是不是通用人工智能？

1.2 GPT 之能

1956 年的达特茅斯会议提出了"人工智能"这一术语，并界定了其研究领域，包括命题推理、知识表达、自然语言处理、机器感知和机器学习等。或许是受到人类智慧发展历程的启发，又或许受人工智能先驱者图灵在达特茅斯会议召开前四年提出的"图灵测试"的影响，科学家们都默认了以"机器与人类开展交流"为关键标准，来衡量机器的智能化水平是否可以与人类相比。正因如此，理解人类的自然语言就显而易见地成为了人工智能需要重点突破的关键技术。于是，自然语言处理及与其高度相关的专家系统，成为了历史上第一次人工智能热潮的主角，并一路发展至今成为今天的 ChatGPT。

1964 年至 1966 年间，麻省理工学院人工智能实验室的计算机科学家约瑟夫·维森鲍姆（Joseph Weizenbaum）使用 MAD-SLIP 编程语言，在 36 位的 IBM 7094 计算机上开发出

NLP就是人类和机器之间沟通的桥梁

一个聊天机器人"伊丽莎"(Eliza)。"伊丽莎"的名字源于爱尔兰剧作家萧伯纳的戏剧作品中的角色[①],剧中出身贫寒的"伊丽莎"通过学习与上流社会沟通的方式,变成大使馆舞会上人人艳羡的"匈牙利王家公主"。作为世界上第一个聊天机器人,"伊丽莎"被维森鲍姆赋予了充满戏剧性的内涵。它可以"理解"人类用户对打字机输入的语言,并对这些语言作出响应,甚至与人类对话。这个仅仅使用了200行代码的自然语言聊天程序效果好得令人难以置信,许多与"伊丽莎"对话的测试者竟然对该程序产生了情感依恋,其中包括一名全程见证程序开发的人类研究员测试者们在交流中会向"伊丽莎"敞开心扉,甚至谈及一些生活中的私密性话题。

在语言学家看来,"伊丽莎"不过是利用了柏拉图和苏格拉底式的"对谈术",来引导测试者不断发言并自我审视。但对一个机器而言,其表现足以令人误认为机器已经具备了智能甚至是情感。

---

① 历史上第一个聊天机器人:200行代码就能欺骗人类感情[EB/OL].[2020.08.17]. http://www.techweb.com.cn/cloud/2020-08-17/2800917.shtml.

人：男人都是一样的。

"伊丽莎"：怎么说？

人：他们总是在困扰我们一些事情。

"伊丽莎"：您可以举一个具体的例子吗？

人：好吧，我的男朋友让我来的这里。

"伊丽莎"：您的男朋友让您来这里吗？

人：他说我很多时候很沮丧。

"伊丽莎"：很抱歉，听到您感到沮丧。

人：是的，我不开心。

这就是"人工智能桂冠上最闪耀的明珠"——自然语言处理技术（NLP，Natural Language Processing）最初的样子，它通过研究人与计算机之间使用自然语言进行有效通信的各种理论和方法，进而实现人机交流。作为人与机器沟通的桥梁，自然语言处理技术需要语言学、计算机科学、数学等多门科学的交叉融合，它的核心任务主要表现为自然语言理解（NLU，Natural Language Understanding）和自然语言生成（NLG，Natural Language Generation）两个方面。前者希望机器可以和人一样理解他人语言；后者致力于将计算机运算的结果转换成人类的语言格式，以达到人机交流的目的。

随着研究的不断深入，科学家们很快意识到，要让机器具备智能，仅仅处理语言文字显然是远远不够的。在这样的背景下，人类文明史上关于文字、声音和图像的微妙关系问题再次出现了。这次科学家们选择了使用机器语言为基础构建一个全新的智慧基础，一揽子解决文字、声音和图像的理解和表达问题。在早期一般被称为"模式识别"问题，在今天则被一并纳入智能内容生成技术范畴。

智能内容生成技术（AIGC，AI Generated Content）是利用人工智能技术来生成文字、语音、代码、图像、视频、机器人动作等内容的技术。它是以机器学习技术为核心，将多模态交互技术、3D数字人建模、机器翻译、语音识别、自然语言理解等多项关键技术的能力共同整合而成的一项综合工程。

AIGC的发展，至今经历了20世纪50年代开始的早期萌芽阶段、20世纪90年代中期开始的沉淀积累阶段和21

AIGC 发展历程

第 1 章 技术探源：GPT 是不是通用人工智能？

世纪中期至今的快速发展阶段[①]。

早期萌芽阶段：这个时期的 AIGC 仅限于小范围实验。1957 年，通过计算机程序中的控制变量换成音符，历史上第一支由计算机创作的音乐作品——弦乐四重奏《依利亚克组曲》(Illiac Suite) 诞生。20 世纪 80 年代末至 90 年代中，高昂的系统成本无法带来可观的商业变现，导致各国政府纷纷减少在人工智能领域的投入，AIGC 未能取得重大突破。

沉淀积累阶段：AIGC 从实验性向实用性逐渐转变。2006 年，由于深度学习算法的重大突破、算力设备性能的提升以及互联网海量的训练数据，人工智能发展取得显著进步。2007 年，世界上第一部完全由人工智能创作的小说《路》(The Road) 诞生。2012 年，微软发布全自动同声传译系统，该系统能够自动将英文讲话内容通过语音识别等技术生成中文。

快速发展阶段：2014 年，对抗式神经网络（Generative Adversarial Networks，GAN）带给了人工智能全新的突破。2022 年，AIGC 实现在几秒钟内生成高质量画面。登陆 DALL-E2 的官网，输入"一个 3D 渲染的罗马士兵正在休息"可以获得以下的图像[②]。

[①] 中国信通院. 人工智能生成内容（AICG）白皮书（2022）[R/OL]. [2022.09.02]. http://www.caict.ac.cn/sytj/202209/P020220913580752910299.pdf.
[②] 颠覆想象的 AI 绘画：Dall-E2 使用指南[EB/OL]. [2023.01.04]. https://zhuanlan.zhihu.com/p/596569511.

DALL-E2 输入"一个 3D 渲染的罗马士兵正在休息"所获图像

和当前很多基于机器学习的人工智能技术一样，AIGC 的发展离不开算法、算力和数据这三大要素。算法是 AIGC 的灵魂，通俗地讲它就是一个规模极为庞大的数学模型，如 2020 年发布的 GPT-3 模型的参数量达到 1750 亿个、2023 年发布的 GPT-4 模型的参数量达到 1.2 万亿个。在当前的机器学习算法和神经网络算法热潮之中，Transformer 模型 2017 年开始在自然语言处理领域大放异彩，它就是 GPT 中的那个"T"。一个好的算法就像一个天赋异禀、骨骼清奇的人类天才儿童，只要给他足够的教育和训练就更有可能成为大师巨匠。当然，训练天才儿童所需的素材也非同一般：对于机器而言，这种素材就是海量的数据，这是机器学习人类语言、掌握人类知识的必需，没有数据的机器就如同一个被幽禁在黑屋子里、断绝一切外部接触的婴儿，不但无法生成智慧，甚至很难生存下去。机器需要利用海量数据才能生成智慧，如同天才儿童需要摄取大量的知识才能成才，这就是 GPT 中的那个"G"。支撑算法对数据进行预训练，则需要大量的电力、大量的超级计算机以及维持这一切所耗费的大量资金（被统一称为"算力"），没有算力的机器就如同一个天才儿童面对书山学海,却没有财力买书、没有体力翻书、没有精力读书,最终只能泯然众人。对算法模型进行"预训练"(Pre-trained)的过程就是 GPT 中的"P"。当算法、数据和算力完美地结合在一起时,机器就有可能开始产生智慧了。

当然,以上只是对 GPT 的通俗化解读。GPT(Generative Pre-trained Transformer)的准确含义是生成式预训练模型。其中的"生成式"(Generative)一词是人工智能专业术语,通俗地理解就是算法模型能够自己生成一部分数据,而不只是依赖外部训练数据。2018 年,在微软公司强大的财力、物力和技术支持下,OpenAI 公司发布初代 GPT;一年后横空出世的 GPT-2 令无数人感到震惊,它在理解、编写文章方面的能力令很多专业作家自愧不如;又在短短一年时间后,在自然语言处理方面几乎无所不能的 GPT-3 令很多画家、作曲家甚至是程序员都坐不住了,似乎凡是和内容生成相关的工作,基本上都可以交给机器了。OpenAI 公司的 GPT 连续三年上演的"年度大戏",使智能内容生成技术给人类社会带来的冲击几乎接近人类能够承受的临界。

然而这一切还只是序幕。就在外界翘首期盼的 GPT-4 在 GPT-3 面世两年后还没有发布的时候，OpenAI 公司公开发布了 ChatGPT。这个名字看起来有点"山寨味"的 GPT 新成员，以前所未有的绝佳用户体验，在短短一个月内注册用户就突破一亿，相比之下推特（twitter）实现这一目标花了 89 个月时间。ChatGPT 之所以如此成功，一个显而易见的原因是它采用了人人都能轻易掌握、并迅速玩得不亦乐乎的人机对话模式，极大降低了使用门槛，有效解决了"网络信息太多"和"人类注意力太少"之间的矛盾。当然，根本原因还是在强大的算法、数据和算力支撑下高度智能的内容理解和内容生成技术能力。

就在对 ChatGPT 的无限赞美和追捧中，2023 年 3 月 14 日，姗姗来迟的 GPT-4 再次大幅拓展了智能内容生成技术的能力边界，它不仅能够完成前几代 GPT 系列应用的各种功能，更体现出将文字、图像、声音融合处理的综合能力。在 OpenAI 总裁兼联合创始人格雷格·布罗克曼（Greg Brockman）

的演示视频中,给计算机输入一张拿着照相机的松鼠漫画,然后问 GPT-4:"这张图片好笑在哪?" GPT-4 答道:"这张图片展现了一只松鼠拿着照相机,像专业摄影师一样拍摄松果,照片的笑点在于这实际上只有人类才做得到,松鼠是吃松果的,我们不能指望它像人类一样会使用照相机。"

4 月 12 日,微软宣布开源了 Deep Speed Chat,帮助用户轻松训练类 ChatGPT 等大语言模型,使得人人都能拥有自己的 ChatGPT ! Deep Speed Chat 是基于微软 Deep Speed 深度学习优化库开发而成,具备训练、强化推理等功能,还使用了人工反馈机制的强化学习(Reinforcement Learning from Human Feedback,RLHF)技术,可将训练速度提升 15 倍以上,成本却大幅度降低。例如,一个 130 亿参数的类 ChatGPT 模型,只需 1.25 小时就能完成训练。简单来说,用户通过 Deep Speed Chat 提供的"傻瓜式"操作,能以最短的时间、最高效的成本训练类 ChatGPT 大语言模型,这标志着人手一个 ChatGPT 的时代要来了。

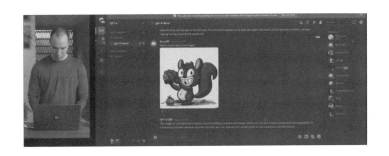

这一幕令很多人相信：自己正在见证人类历史上最伟大奇迹的诞生，通用人工智能已经降临人间，机器已经具备人类智能甚至在很多方面全面碾压人类，人类社会即将进入一个被智能机器主导的时代。

事实果真如此吗？

1.3 未来未来

让我们暂时将思绪从科幻世界的美好图景中抽离出来，回顾人类史以及地球上的动物进化史，再认真思考一下：智慧究竟是什么？

时至今日，哲学家和科学家仍然无法对人类智慧的来源和机理给出足够精确的解释，虽然有很多关于如何增进人类智慧的理论、方法和工具，但都仅仅是对什么是智慧这一问题给出宏观解答。人类对于自己大脑的奥秘知道得还是太少了，在脑科学发展水平还远远不够先进的今天，要回答智慧的来源问题实在是太艰难了。

另一方面，人类对于智慧的定义一直在随着社会进步而不断变化，几乎每个时代对于智慧的标准都不一样，甚至连对"聪明"的认定标准都在日新月异地变化之中。这其中，既有纯技术上的衡量，比如计算速度、记忆力强弱、知识量多寡等；也有对个体心理层面的衡量，比如注意力、观察力、想象力；还包含一些社会性的标准，比如与他人的互动能力、对环境的适应能力……凡此种种，都被视为人类智慧的标志。

现在再来看看 GPT 系列应用：一个熟练运用文字、声音和图像的工具，一个可以光速搜索和利用全部互联网知识储备的工具，算不算具备了人类的智慧？也就是很多人说的所谓"通用人工智能"已经来临了吗？答案显而易见：如果认为人类智慧的全部能力就是对文字、声音和图像的理解、处理和生成，外加知识储备，那么 GPT 系列应用就是一个通用人工智能；如果认为人类智慧不止于内容生成和知识储备，就会清楚地知道，GPT 系列应用离通用人工智能的到来还有很长一段路要走。

从技术上看，GPT 系列应用确实在智能内容生成领域表现极其出色，但放在人工智能全局来看，它只是人工智能庞大技术群的一小部分，还有很多与智能内容生成一样重要的研究工作在同时展开。比如，在智能制造领域 GPT 系列应用的用武之地就很小，因为该领域要解决的主要问题并不是对文字、声音、图像的理解和生成问题，而是生产现场的环境适应、智能感知、精度控制等问题，这些都需要人工智能领域的其他技术来解决。

第1章 技术探源：GPT是不是通用人工智能？

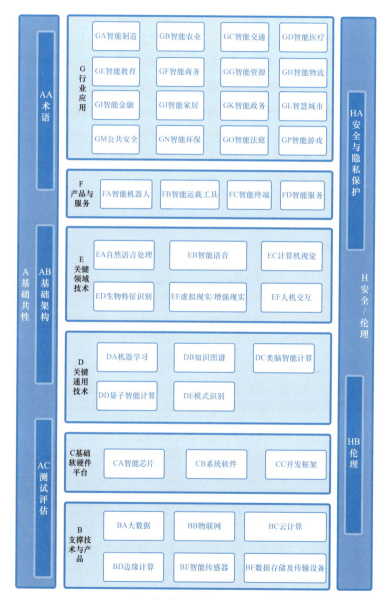

人工智能标准体系结构

（国标委联【2020】35号文《国家新一代人工智能标准体系建设指南》）

在 2023 年的 GPT 热潮中，不断有人声称 GPT 系列应用已经具备人类的学习、推理、联想和记忆能力，并据此认为它就是未来通用人工智能的"魂"。例如，微软公司发表了一篇 100 多页的论文，公开将 GPT-4 称为"通用人工智能之火"。通过对 GPT-4 的测试，微软公司称其初次叩开了 AGI 的大门！具体讲就是，除了对语言的掌握之外，GPT-4 可以在无须任何特殊提示的情况下，解决跨越数学、编程、视觉、医学、法律、心理学等领域的困难任务，并且能力非常接近人类水平。

Sparks of Artificial General Intelligence:
Early experiments with GPT-4

Sébastien Bubeck　Varun Chandrasekaran　Ronen Eldan　Johannes Gehrke
Eric Horvitz　Ece Kamar　Peter Lee　Yin Tat Lee　Yuanzhi Li　Scott Lundberg
Harsha Nori　Hamid Palangi　Marco Tulio Ribeiro　Yi Zhang

Microsoft Research

Abstract

Artificial intelligence (AI) researchers have been developing and refining large language models (LLMs) that exhibit remarkable capabilities across a variety of domains and tasks, challenging our understanding of learning and cognition. The latest model developed by OpenAI, GPT-4 [Ope23], was trained using an unprecedented scale of compute and data. In this paper, we report on our investigation of an early version of GPT-4, when it was still in active development by OpenAI. We contend that (this early version of) GPT-4 is part of a new cohort of LLMs (along with ChatGPT and Google's PaLM for example) that exhibit more general intelligence than previous AI models. We discuss the rising capabilities and implications of these models. We demonstrate that, beyond its mastery of language, GPT-4 can solve novel and difficult tasks that span mathematics, coding, vision, medicine, law, psychology and more, without needing any special prompting. Moreover, in all of these tasks, GPT-4's performance is strikingly close to human-level performance, and often vastly surpasses prior models such as ChatGPT. Given the breadth and depth of GPT-4's capabilities, we believe that it could reasonably be viewed as an early (yet still incomplete) version of an artificial general intelligence (AGI) system. In our exploration of GPT-4, we put special emphasis on discovering its limitations, and we discuss the challenges ahead for advancing towards deeper and more comprehensive versions of AGI, including the possible need for pursuing a new paradigm that moves beyond next-word prediction. We conclude with reflections on societal influences of the recent technological leap and future research directions.

《通用人工智能之火：GPT-4 的早期试验》论文截图

重温一下 60 年前的聊天机器人"伊丽莎"带给人们的困扰："它真的有智能"和"你觉得它很智能"是不是一回

事呢？仅从技术发展的角度来说，如果在对人类智慧的本质都一知半解的情况下，就直接确定通用人工智能已经降临人间，是不是显得太不智慧了呢？对此，哲学家们的观点倒是一如既往的冷峻：

"（GPT）通过被输入知识，加上从互联网获取资料，人工智能会获得人所不及的巨大数据，在理论容量上可以获得人类全部知识，再加上与人类互动学习，人工智能将来一定会近乎'全知'——但全能要难得多，因为全能涉及更复杂的神经网络，即使保洁员的简单劳动也需要无比复杂的神经网络设计，所以，通用人工智能尚需时日。'全能'的智能复杂度远高于'全知'，这或许暗示着某个深刻的智能问题，还不能判断是什么样的问题，但似乎提示了，收集一切知识的博学和无漏记忆的'活字典'能力并不需要高智能，也不意味着高智能。真正的高智能或许是量子式的能力，是反思能力以及传说中的'统觉'能力。这可能要等待量子计算机去证明了。"[1]

全知或许可能，全能遥遥无期。通用人工智能的未来还远远没有到来，从第一行文字到柏拉图，从"伊丽莎"到ChatGPT，人类对于智慧的探索已经努力了近万年，而且将继续努力下去。不可否认的是，GPT系列应用确实配得

---

[1] 赵汀阳. GPT推进哲学问题了吗？[J]. 探索与争鸣，2023（3）：66-74.

上当下的万千宠爱，因为它确实揭开了一个新时代的大幕。在这个新时代，人类的思维将因智能内容生成技术而"进化"，人类的生产、生活和生存将随着技术的昌明而呈现前所未有的景象，就让我们深入进去，看看这是怎样精彩的一个世界。

1.4 AI 的回答

就本章讨论的相关问题，笔者于 2023 年 4 月 5 日与 ChatGPT 进行了互动，结果如下：

ChatGPT 的解答

> GPT 是不是通用人工智能？

> GPT（Generative Pre-trained Transformer）是一种语言模型，它被训练用来预测下一个单词、句子或文本的概率分布。虽然它可以生成令人印象深刻的文本，但它并不是通用人工智能。通用人工智能是一种能够像人类一样解决多种任务和问题的人工智能系统，而 GPT 仅仅是一个用于自然语言处理的语言模型，它不能执行其他类型的任务，例如视觉识别或物理控制等。

因此，虽然 GPT 在其领域中表现出色，但它并不是通用人工智能。

:) GPT 距离实现通用人工智能还有多久？

◎ 实现通用人工智能是一个极其复杂的问题，目前还没有确切的时间表。虽然 GPT 和其他自然语言处理技术已经取得了很大的进展，但通用人工智能需要涉及多个领域的研究，包括机器学习、计算机视觉、语音识别、自然语言处理、推理、决策等。此外，还需要解决诸如数据隐私、伦理问题、安全性等诸多挑战。因此，即使在最有利的情况下，实现通用人工智能也可能需要很长时间，可能几十年甚至更久。

2 思想教育：算法能不能取代教师？

第 2 章　思想教育：算法能不能取代教师？

　　智能内容生成技术的火爆，恰逢新冠肺炎疫情催生的大规模线上教育。当 ChatGPT 这样的人工智能应用于教育，越来越多的人开始计算着人类教师"最后的荣光"，并憧憬着未来的人类在人工智能的帮助下实现终身学习的美好图景，甚至有人提出了"教师消亡论"。虽然目前围绕该话题的大多数讨论并不在乎教育的现实，而是完全沉浸在对未来的预测中，但本书还是要从教育的传统说起，客观评价当下的教育，以期对人类教师与机器人教育者之间的关系进行理性分析。

从 柏拉图 到 ChatGPT

2.1 柏拉图与"柏拉图"

孔子与柏拉图是中西方历史上最为著名的教育家。世人皆知他们是名垂千古的思想家和哲学家,但很多人不知道的是这两位分别奠基了东西方教育思想的古圣先哲,在教育理念上有着惊人的相似之处。

孔子生活于春秋末期,一个社会政治、经济、文化大变革的时期。在这样的社会背景下,他认为学生应该有独立思考的能力,不应该死记硬背、不求甚解,"学而不思则罔,思而不学则殆",只有通过思考才能逐渐培养自己解决实际问题的能力。孔子在教育实践中始终坚持启发诱导式教学,对学生提出的问题不直接解答,而是根据不同学生的性格特点因材施教,有针对性地引导、启发,让学生一边思考一边解决问题。孔子启发式教育的优势在于通过老师的启发诱导,提高学生学习和思考问题的能力,同时提高学生学习的进度和效率。

同样闻名遐迩的西方教育先驱柏拉图，青年时代身处群龙无首、内争不断、社会动荡不安的古希腊。柏拉图在教育理念上承袭了其老师苏格拉底的问答法：老师不直接回答学生的提问，而是与学生进行辩论，在与学生的互相辩驳中，帮助学生发散思维，启发学生独立思考。柏拉图还将这一理念进一步发扬光大，通过师生辩论使学生陷入矛盾，从而对自身的思维错漏进行内省，老师再以此为突破口对学生加以引导。这就是帮助学生得出正确结论的"思想助产术"。

在地球东西方两端的两位教育家，不约而同地将对学生的启发诱导视为关键教育理念，从一个侧面表明了该方法在教育中的重要性。时至今日，启发诱导仍然是教育工作者视为圭臬的重要理念。当然，这种启发式对话需要教育者具备非常丰富的知识储备，现实中并不是每一名人类教师都能够完美胜任。

一个"柏拉图"系统的终端以及它的橘色等离子屏幕
(截至 1976 年世界上共有 950 个这样的终端)

转瞬来到信息时代。20 世纪 60 年代,美国伊利诺伊大学利用 ILLIAC I 型计算机开发出世界上第一款计算机辅助教学系统。这个"自动教学用程控逻辑"(Programmed Logic for Automatic Teaching Operations)系统的英文缩写正是"柏拉图"(PLATO)系统。尽管这个机器"柏拉图"只是一个检索工具,根据输入句子中的关键词来检索数据库的知识,回答得比较机械、单一,但人类却从中看到了人工智能在启发式教学中的巨大潜力。从那时起至今,人工智能对于教育的影响之大肉眼可见。ChatGPT 的出现,更是让启发式人机对话方式达到了一个新高度。

当下,ChatGPT 已经开始在教育中实际应用。除了在语言学习方面具有显而易见的优势外，它还可以——实现自定步调学习：在任何时间对来自任何地方的学生给以交互指导、问答测验和学习指南，使得学生可以自定学习步调，收获得更好的学习效果；开展自动化评估：对学生的学习状况进行自动化的评估并及时反馈，让学生恰当地判别进步的地方并调整学习计划；制定个性化学习计划：针对每一个学生的不同特点，提供基于他们自己需要和能力的个性化学习计划，这些学习计划可以在任何时间满足任何地方的学生，实施游戏化学习：让学生在寓教于乐的玩耍中学习新的概念和技能。

在问答的过程中，ChatGPT可以通过多轮对话，为学生提供现象分析、知识点讲解、应用影响等多层次服务。例如，ChatGPT可以为学生解答"苹果会落地"的物理学原理是地球引力作用，并进一步为学生讲解牛顿运动定律的知识点。如果学生继续提问"这些原理和定律的用途"，系统可以准确理解其问题指向，并通过从日常生活到航空航天等的多角度进行解答并予以合理扩展。这与孔子和柏拉图的启发式教学颇有几分相似。

"师者，所以传道授业解惑也。"无论是轴心时代的孔子和柏拉图，还是信息时代的"柏拉图"系统和ChatGPT应用，教育的对象都是人类，教育的方式都是对话和启发。教育的根本目的也在这一次次实践中不断凸显：教育是为了启迪人类心智。

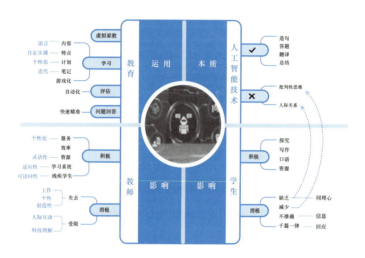

ChatGPT的教育应用与影响

若教育仅仅是为了知识积累，那么可能等不到ChatGPT出现，教师作为一个职业早就已经消失了。在印刷术和书籍大规模普及之时，人类教师就可以退下了，因为他们只需要教会学生基本的听说读写能力就够了，剩下的事情只是让学生自己去看书。但这一幕并没有发生，书籍的普及不仅没有造成教师们下岗，反而壮大了教师的队伍。在互联网普及之后，信息的高度互联和知识获取的极低成本，不但没有将人类教师逼入墙角，反而让更多的教育者以线上教育的方式涌现了出来。

教师的存在，是为了给心智发展尚不完全的人类以启迪和教育。从这个意义上讲，智能内容生成技术显然是无法独自完成传道授业解惑的全部使命，它只是根据互联网海量数据进行加工的再生产工具，而不是思想的助产士，对人类进行价值观判断和对个体进行心理疏导，并不属于 ChatGPT 系列应用的能力范畴。在围绕世界观、人生观和价值观进行人格完善的"道"没有交给机器来传授之前，在针对现实世界、个人遭遇和情感心理产生的"惑"不能被机器所解决之前，人类教师几乎不可能退出教育领域。

从目前教育实践来看，ChatGPT 应用到教育领域还要面临很多问题。**首先是语言**。在中文语境下，ChatGPT 同时支持简体和繁体，除了普通话外，还能理解许多以粤语（广州）、闽南语（泉漳）、客家话（梅州）、吴语（苏州）等方言口语正字输入的内容。如果使用 ChatGPT 进行教育，需要确保使用的语言是学生的母语或他们熟悉的语言，以便学生能够更好地理解教学内容。但是中国还有许多偏远地区未实现普通话普及，ChatGPT 也没有涵盖所有少数民族的语言，而且在口语表达方面可能不够精准。**其次是互动性**。虽然 ChatGPT 可以对学生的问题进行回答，建立一种类似于真实教师与学生之间的互动方式，如通过问答或在线小组讨论的方式来与其他学生互动，提高学习效果，但它并不能够达到传统教育方式的互动效果，如课堂上肢体语言教学、师生游戏互动，而这些在基础教育阶段都是很重要的教学方法。**再次是资源可访问**。这也是使用 ChatGPT 进行教育的一个关键因素。网络状况和计算机设备都会对 ChatGPT 的使用形成新的教育门槛,贫困地区的学生可能无力支付上网费用和软硬件费用,需要确保 ChatGPT 所提供的教育资源是免费或者可承受的。新冠肺炎疫情期间,网课不得已成为主要授课方式,但在一些农村或一些贫困地区,上网课并没有那么容易。

第四是地域差异。生活在不同地区的人们,在文化和价值观上可能会有所不同甚至是冲突的,需要教育的"本地化"。虽然互联网的普及使部分人相信这种地区差异会很快被消除,但理想很丰满现实很骨感。Omdia 首席分析师 Mark Beccue 表示,"事实上,生成式人工智能在很大程度上加剧了这些问题。"例如,在部分地区留守儿童数量庞大,父母外出务工,监管孩子学习的是年迈的老人,他们运用数字技术较为困难,思想和认知无法满足网络教育的要求,即使有了手机和网络,利用网络学习的能力也是十分有限的。另一

方面，作为大多数生成式人工智能输出来源的大型语言模型（LLM）采用公共数据进行训练，这些公共数据可能包括不良言论或对种族、性别、性取向、能力、语言、文化等有偏见的内容，这意味着输出本身就可能存在偏见或者不恰当。

2.2 教育之困

教师对学生的教育行为是人类所独有的，地球上的其他所有动物都是由父母对幼崽进行最初的技能训练，或是直接放在环境中任其本能驱使自生自灭。人类将尚未成年的儿童交由一个专业教师，而不是亲生父母来教育的原因，一是由于过去的普通民众与专业教师之间存在显著的知识水平和教学能力差异，将儿童送到具有更高知识水平的教师那里能得到更好的教育；二是为了确保儿童正确掌握社会行为的一般规范，及其内在隐含世界观、人生观和价值观的形成，让儿童更早地接触掌握家庭以外的社会环境；三是由于人类的本质是社会性，同龄的儿童聚集在一起学习生活可为儿童社会心智的成长提供必需环境。当然也有人直白地指出，成年人为了生存而外出渔猎耕作的时候，人类儿童的集中照顾、娱乐和教育是一种必然的社会现象。

第 2 章　思想教育：算法能不能取代教师？

孔子和柏拉图深知教育过程中启发的重要性。知识传授和技能训练仅仅是教师教育学生的一部分内容，要确保儿童心智的健康成长，教师需要做的远远超过知识传授。但经过人类数千年的教育实践，事情似乎偏离了原有的轨道，当今社会最令人感到困惑的现象是："填鸭式"的知识传授饱受诟病的同时"课外班"屡禁不止，在期待教育"百年树人"的同时希望学校教育能够"立竿见影"，在忧虑系统化教育质量不佳的同时又对个性化教育趋之若鹜……

当代教育的种种困惑，很大程度上是由于社会对教育的内涵与时代特征的关系处理出现了问题：当今已经不是孔子和柏拉图的时代，人类儿童的教育已经不是学校和教师能够独立完成的了，学校和教师在教育中发挥的作用正在大幅弱化，家庭教育、社会教育以及自我教育的重要性正在迅速增加。从这个意义上讲，上述现象折射出的是教育在学校、家庭和社会不同部门之间的动态调整。要理解这一切是如何发生的，至少需要考虑三个方面的时代特征：

一是由于社会环境的整体发展，导致知识获取的方式发生了根本性改变。不仅是当下普通家长的知识水平和教师不存在显著的差异，即便是处于受教育地位的儿童，在互联网的助力下获取教育资源的能力和范围也远超一校一师的范畴，当教师和学校所提供知识的"独特性"越少，其在教育中重要性的流失自然也就越严重。**二是由于家庭环境的快速**

改变，导致家庭教育对于儿童心智成长的重要性迅速提高。 在不考虑专业教师的情况下，现在很多家庭的教育资源甚至超越了学校，相当数量的家长对于社会的理解和人生的体验，已经超出了同为普通人的教师的视野甚至理解，传道解惑仅仅依靠学校教师已经远远不够了，需要家校密切协同才能确保儿童心智的健康成长，使儿童免于陷入"两头拉扯、越来越惑"的窘境。**三是由于社交方式的重大变革，导致儿童群聚的形式不断丰富。** 现代的儿童已经不再像孔子和柏拉图时代那样，必须拥有一个固定场所才能实现同龄人的群聚活动，现实社会和网络空间为现代儿童的社交活动提供了形式多样的选择，相对而言学校反而显得不够灵活。

上述三个特征只是当今时代诸多社会变迁的九牛一毛。这里强调的是，教育的时代环境已经发生了根本性变化，教育是一个关于人类心智成长的具体实践过程，而不是简单的知识灌输或道德教化的过程，因此社会环境的特征就是教育者必须考虑的关键因素，它绝不是教育过程中可有可无的装饰品，教育方式随着时代变迁而不断演进才是教育的本义。

与此同时，在教育因时而变的过程中牢牢把握教育的初心和本质，才能把准变革的方向而不会被层出不穷的技术创新所裹挟失控。教育是一种社会公共服务，教师的定位是一种公益性职业，而 GPT 系列应用这样的技术产品毕竟是为了企业营利而生的，将其作为教育的关键基础将彻底改变教育的公益属性。虽然有人认为它有朝一日会成为像互联网一样的公共基础设施，但互联网最初来到人间也是政府行为而不是企业行为，至少现在以及可以预见的一段时期内，GPT系列应用的营利属性和经济属性将居于主导地位，与其期待其成为社会公共基础设施，还不如期待又一个更加强大、更加适合儿童教育的技术产品出现。

针对当下教育实践的状况，最需要关注的其实是家庭、学校、社会三者之间，甚至还包括学生之间的资源和责任再分配问题。如果将教育的内容大略划分为传道、授业和解惑，那么传道应该是社会为主家校统一的，授业应该是家校协同、社会辅助的，解惑则应该是以学生本人为主、教师辅助，家校社会共同为学生探索人生社会提供资源保障和环境支撑。如果从成长心理学的角度，以人类不同年龄阶段的生理心理特点，重新审视家庭、学校、社会三者和学生之间的教育格局重塑，就需要一个能够敏捷适应时代变迁的教育模式。也许 2023 年还行之有效的教育模式和格局，到 2025 年就需要作出适度调整了，这并不是一种短视，而是通过"小步快跑、有病早治"持续演进来对冲技术社会的高速变化，避免因为矛盾迅速积累而造成教育问题的积重难返。

2.3 智能教育

2023年3月21日,比尔·盖茨在他的博文《人工智能时代已经开启》中写道,"我知道我刚刚看到了自图形用户界面以来最重要的技术进步。""人工智能的发展与微处理器、个人计算机、互联网和移动电话的诞生同样重要。它将改变人们工作、学习、旅行、获得医疗保健以及沟通交流的方式。整个行业都将围绕它重新定义,企业也将因使用GPT的方式不同而显示出差异。"与比尔·盖茨一样,《失控》[①]一书的作者凯文·凯利同样对人工智能的发展充满期待并做出一系列大胆预言。在他看来,未来10~20年人工智能将给世界带来颠覆性的变化,一切都将变得智能化。

在可见的未来,对教育和人类教师而言,人工智能可能

---

① [美]凯文·凯利. 失控[M]. 张行舟,陈新武,王钦,等译. 北京:电子工业出版社,2016.

并没有想象中的那样具有颠覆性。BBC 对社会各个行业的分析中，认为最容易被 AI 取代的前三位的职业分别是电话推销员、打字员、会计，概率均在 90% 以上①。教育的可替代性相对较低，小学教师、中学教师和大学教师自动化的概率仅为 0.44%、0.78% 和 0.32%。托比·沃尔什（Toby Walsh）指出，教师之所以能够抵挡自动化浪潮，并不是因为教师职业不能自动化，而是因为在很多情况下，人类更乐意与人类互动，而不是机器②。

这并不代表人类教师可以高枕无忧。从整个教育发展视角来，应当以谨慎乐观的态度接受 ChatGPT 及其所代表的智能内容生成技术给教育和教师带来的各种可能，主动思考并回答一个关键问题：新一代人工智能的出现和普及，将给人类教育和教师带来什么新机遇和新变化？

首先，重新思考人与机器的关系。当 ChatGPT 以"聊天"机器人的形象出现在大众视线以后，大大提升了人与机器交流的深度、频率和亲密度，作为聊天的中介，ChatGPT 将人与机器更加紧密地连接在一起。随着人工智能不断出现在人类生活中，人类对人工智能技术的依赖和信任也不断地加深。人与机器之间的关系，从刚开始的创造者和被创造者、

---

① BBC 分析了 365 个职业，发现最不可能被机器淘汰的居然是……[EB/OL]. [2018.08.17]. https://cloud.tencent.com/developer/article/1188486.
② [澳] 托比·沃尔什. 人工智能会取代人类吗：智能时代的人类未来 [M]. 闾佳，译. 北京：北京联合出版公司，2018：127.

使用者和被使用者，很有可能上升为平等的关系，从"我和它"走向"我和你"。

这种关系的改变说明，ChatGPT的角色已经不仅仅是"工具"那么简单，它是教育者也是教育对象。计算器、网络、手机早已进入课堂，说明智能教育其实已承担了部分教育者的角色。即使是类似ChatGPT这样的技术，应用于教育领域也已经有多年了。比如，美国关于数学解题的服务软件（Photomath）在2014年就有了，还有用于创建和归类在线记忆卡的应用（Quizlet）、在线学习服务和应用程序（Chegg）等学习工具，我国国内也有"作业帮"等应用，ChatGPT可以视为智能化教育的最新升级。人类一方面是ChatGPT的教育对象，另一方面也是教育ChatGPT的人。人类可以通过编程等方式，对机器进行有目的、有计划的引导和改变，这是智能时代教育的重大转向：让机器受教育。

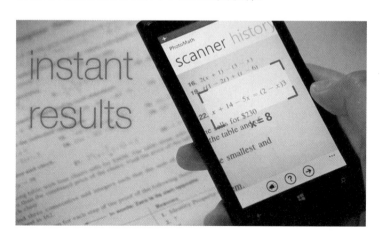

人机关系的转变，让我们不得不重新思考什么是人、什么是机器。当机器越来越像人的时候，一个古老但常新的问题再次浮现：人是谁？以及，人为什么活着？

其次，自我超越和自我进化。AI 出现后，在某些能力上已经超越人类，让人类智能"黯然失色"。AI 在生产、包装、分发产品，调配车辆和司机，调度外卖员、快递员，收集分析人们的偏好，甚至是操控汽车和飞机时，人所要做的，只是跟着机器的指令把东西从 A 地送到 B 地，或者把衣服穿上，把东西吃下去。未来，人什么也不需要做，因为无论人做什么，和机器相比都显得低效甚至无效，这是最需要警惕的风险与危机：机器越来越聪明，人却越来越傻。

或许 ChatGPT 所引发的最大危机，不是职业，而是人本身。化解危机的唯一出路，是创造性地实现一种转化：把人机对话的过程，变成人类自主学习的过程，变成人类生命自我超越、自我进化的过程[①]。

再次，从对立走向统一。智能时代每一轮新技术变革所引发的话题，都离不开"替代"这一关键词，各行各业都出现了"替代焦虑"，ChatGPT 的出现再度使"教师消亡论"与"教师解放论"出现。如果人类总是被"替代"思维所困，

---

① 李政涛. 直面 ChatGPT，教师如何绝处逢生？[J]. 上海教育·环球教育时讯，2023（3）：19.

无论谁胜谁负，都不利于人类高质量发展。从长远发展看，协同和融合才是最佳选择，即使用 ChatGPT 探索并创造人机之间相互推进、相互超越的新格局，从对立走向统一、从替代思维走向共生思维。如果人类可以放下"替代焦虑"，放下被取代、被消灭的担心，积极思考如何与人工智能你追我赶，共同进步，无论这一设想是否能实现，至少 ChatGPT 能激发人类超越自我、超越人工智能的勇气。这又何尝不是人类心智的整体进化呢？

最后，客观看待人类教师的"不可替代"。"替代论"并不是完全没有存在的价值，它在放大人工智能的可能性、让人类焦虑的同时，确实也让许多职业存在的价值和意义被重新审视。人类教师被机器人教师完全替代的可能性不大，但人类教师的部分职能，如设计课程、知识搜索、生成教学内容、展开课堂模拟、进行语言翻译等，或多或少将交由机器人教师完成。借助人工智能，学生和教师可以随时随地访问学习资源，通过 AI 自动化完成记录保存、作业批改、多项选择测试评分等耗时、烦琐的任务，通过聊天机器人回答学生的常见问题或者个性化问题，实践适应每个学生目标和能力的个性化课程，从而让教师从一些事务性、技术性的工作中解放出来，有更多的时间去做只有人类教师才能做的事情，如培养学生的创新创造能力、审美能力、知识情景化运用能力等方面，这是人类教师无可替代、弥足珍贵的价值所在。

2.4 AI 的回答

就本章讨论的相关问题,笔者于 2023 年 4 月 5 日与 ChatGPT 进行了互动,结果如下:

ChatGPT 的解答

> 算法能不能取代教师?

> 尽管算法可以在某些方面辅助教学,但算法不能完全取代教师的角色。教师除了传授知识,还具有许多其他重要的职责,例如:
> 1. 教师可以根据学生的特点和需求,调整教学策略和方法,以确保每个学生都能够充分理解所学的内容。
> 2. 教师可以提供实时反馈和指导,帮助学生纠正错误并更好地理解知识点。

3. 教师可以培养学生的创造力、批判性思维和解决问题的能力，这些都是算法无法提供的。

4. 教师可以与学生建立个人联系和互动，这有助于增强学生的学习目的性和兴趣。

此外，算法在某些情况下可能存在局限性，例如：

1. 算法往往只能处理已知的情况和数据，而无法应对未知的情况和数据。

2. 算法可能存在偏见和错误，这可能会对学生的学习产生负面影响。

3. 算法不能适应人类的情感和心理需求，而这在教学中是非常重要的。

因此，尽管算法可以在教学中提供有用的支持和补充，但它们不能取代教师的重要作用。教师仍然是教育过程中不可或缺的关键因素。

> 目前的教育存在什么问题？

> 教育是一个复杂的系统，存在许多问题和挑战。以下是一些当前教育体系中可能存在的问题：
>
> 1. 教育过分重视考试成绩：很多教育体系都过分强调考试成绩，而非学生的实际能力和成长。这导致了教育变成了一种"应试教育"，而非真正意义上的学习和探究。

2. 缺乏个性化教育：现有的教育体系大多是"一刀切"，缺乏对不同学生的差异化支持和个性化教育，导致一些学生无法充分发挥自己的潜力。

3. 教师的专业能力和职业认同问题：一些教师可能缺乏必要的专业知识和技能，同时也面临着职业认同和发展的挑战。这会影响教学质量和教师的职业满意度。

4. 教育资源的不平等分配：教育资源在不同地区、不同学校之间分配不平等，一些学生无法享受到优质的教育资源。

5. 缺乏创新和实践教学：现有的教育体系大多注重传统知识和理论，而缺乏与实践结合的创新教学。这限制了学生的创造力和创新精神的发展。

6. 缺乏关注终身学习：现代社会发展迅速，职业技能也在不断变化。然而，现有的教育体系往往忽视了终身学习的重要性，缺乏对职业发展的长期规划和支持。

这些问题需要政策制定者、教育工作者和社会各界共同努力解决，以推动教育的发展和进步。

艺术文化：机器与人谁更适合成为艺术家？

第 3 章 艺术文化:机器与人谁更适合成为艺术家?

当下对智能内容生成技术(AIGC)热潮最为恐慌的,莫过于文字工作者和设计工作者了。ChatGPT 展现出的最大的能力优势,就是在自动撰写文章、计算机绘画和智能视频编辑等方面的表现。因此有人惊呼,人工智能取代人类艺术家不是一个将来时,而是一个进行时。

3.1 作家、画家与魔术

艺术的起源是个悬而未决的谜，因为早在文字发明之前艺术就已经出现了，在没有文字史料作为有力佐证的情况下，要确凿无误地对一件事的历史源起提出证明，并建立广泛共识是非常困难的。无论是认为艺术起源于劳动的马克思主义者，还是坚称"艺术起源于娱乐"的学者，甚至是认为"艺术起源于模仿自然"的模仿论者，多数研究者共同承认的一点是：古时的人类在舞蹈、绘画、建筑、音乐等很多艺术领域已经达到了极高的水平，部分作品甚至超越了当今人类。这至少说明人类的艺术是相对独立的，哲学和科学虽然对其有影响但并非决定性的，艺术的发展主要还是遵循自身的规律。

人类社会的艺术形式林林总总、极其丰富，这可以通过多种不同的分类方式加以理解。大众最为熟悉也最为常用的

第 3 章　艺术文化：机器与人谁更适合成为艺术家？

艺术门类，是依照艺术创作所需材料和技法的不同而加以界定的，如美术、音乐、舞蹈、文学、戏剧、影视、摄影、曲艺、杂技、建筑园林等艺术形式[①]。如果以**存在方式为标准，**则可将艺术划分为空间艺术（美术、摄影、建筑园林）、时间艺术（音乐、文学、曲艺）和时空艺术（戏剧、影视、舞蹈、杂技）。如果以**感知方式为标准，**可将艺术划分为视觉艺术（美术、摄影、舞蹈、建筑园林）、听觉艺术（音乐、曲艺）、视听艺术（戏剧、影视）和想象艺术（文学）。如果以**创造方式为标准，**可以将艺术划分为造型艺术（美术、摄影、建筑园林）、表演艺术（音乐、舞蹈、戏剧、曲艺、杂技）、语言艺术（文学）以及综合艺术（影视）。如果以**展示方式为标准，**可以将艺术分为静态艺术（美术、摄影、建筑园林）和动态艺术（音乐、舞蹈、戏剧、曲艺、杂技、影视）。

通过不同维度的类型划分，可以帮助我们理解艺术的内涵。如果将艺术视作整体，艺术与科学技术、哲学社会科学相区分的外延又是什么呢？如果说科学技术是以探索自然界规律和客观真理为关键属性，哲学社会科学的要义是对社会运行和人类行为的思辨，那么艺术的关键旨趣就是审美。

审美是艺术的核心意义，教育意义、实用意义和认知意义等其他的意义，都是围绕审美这个核心而展开的。艺术可以是寓教于乐的、可以是雅俗共赏的、可以是风格各异的，

---

① 王宏建. 艺术概论［M］. 北京：北京文化艺术出版社，2010.

但首先且根本上应该是审美意义上的，否则就会使艺术混同于科学技术和哲学社会科学。

关于审美的讨论涉及美学的庞大内容，并不是本书讨论的主要范畴，这里只强调一点：审美是无法脱离人类而独立存在的。由此来看，智能内容生成能够取代艺术家吗？答案显然是否定的，因为机器是不具备审美的，除非我们将机器视为和我们一样的人类，否则一切由人工智能生成的小说、绘画和影视，无论看上去有多美，充其量称为工艺美术品，只能勉强算作艺术门类中的一小部分，艺术家的地位将无可撼动。

也许有人会问，如果站在欣赏者而非创作者的角度看，只要某件艺术制品能够带来心灵上的愉悦、满足人的审美，又何必纠结于是人类的创作还是机器的制造呢？目前互联网上的数据和信息，以及物联网日以继夜地积累的各种音视频信息，足以满足大众的审美需求，当机器人比人类艺术家更快、更多地创作小说、画作的时候，为什么还需要人类小说家和画家呢？

这是个好问题，它涉及艺术理论界长期以来争论不休的两个焦点问题。**第一个是形式与内容的关系问题**。对于这个问题，艺术理论界已经争论了数百年，简单地说就是如果相信艺术的外在形式大于其内在内容，也就是艺术品的美更主要的是其可以感受到的视觉、听觉和嗅觉等方面的表达，而其背后的故事、蕴含的精神、引申的意义都只是形式美的附庸，那么至少在小说和绘画领域，GPT 是可以完全取代人类的；反之如果认为艺术的内容美是核心，形式美是附属，至少目前 GPT 这样的"文字搬运工"和"元素缝合怪"是不具备内容美的。在可以预见的将来，机器具备内容美的可能性微乎其微，除非将机器也同视为人，这就好比将家中的宠物狗二哈视作人，那么二哈啃咬剩下的家具和衣服，也可以视作一种内容美，如果社会大众更乐于将二哈们啃咬过的家具摆上街头时，雕塑家也许就该下岗了。

第二个是艺术、科学技术和哲学社会科学三者的关系问题。众所周知，古典时期的人类思想体系是没有今天这样细致的门类划分的，柏拉图的对话录包含了哲学、文学、数学、政治等诸多领域，几乎是不加区分地融为一炉；到其学生亚里士多德，虽然知识分类开始变得更加清晰，将几何学、修辞学、形而上学等分门别类、分册立说、逐一深入，但都统一于亚里士多德这个"人"；以"艺术家"为主要头衔的达·芬奇其实也是兼具科学家和哲学家身份的。随着人类知识门类的划分越来越精细，精神活动越来越活跃，知识生产效率越来越高的同时，哲学、科学和艺术三者之间的界限也变得越来越疏离，术业有专攻的不同领域学者之间的联系似乎被人为割裂了。

当把艺术、科学和哲学三者的关系推至两端时，上述问题就会得出两个相反的回答：如果认为三者之间是可以完全独立的，艺术的归于艺术、科学的归于科学，那么GPT这样的科技制品对于文学、绘画和音乐等艺术领域而言就是"乱入"，人工智能不过是人类艺术家手中的笔、制图板和话筒一般的工具而已，新兴工具对于艺术家的创作是一种激发而不是取代。如果认为三者都是最终统一于观众的，也就是说只关心其对于自我心灵的满足，而无视满足的到底是艺术上的审美、科学上的客观还是哲学上的深邃，那么不但艺术家是可以被机器取代的，科学家、哲学家乃至一切与文字、声音、图像相关的工作都是可以由机器来完成的。

2021年10月，有关"清华虚拟学生被质疑真人AI换脸"的新闻引发关注。在最初的视频里，虚拟学生"华智冰"的形象是一名扎着马尾辫、背着红色双肩包、穿着白板鞋的面容清秀的女生。据称这个数字虚拟人拥有持续的学习能力，能够逐渐"长大"，不断"学习"数据中隐含的模式，包括文本、视觉、图像、视频等，就像人类能够不断地从身边经历的事中学习行为模式一样。

后来网友爆料：华智冰的演唱视频与B站平台创作者"鱼子酱酱"的演唱视频高度相似，认为其应用的只是常见的"换脸"技术，直呼作为AI人的华智冰"翻车"。小冰公司对此的回应是，华智冰演唱视频中的肢体视频模板来自小冰团队成员，但使用的技术并不仅仅是 AI 换脸。"鱼子酱酱"本人也回应称：这是其加入小冰团队后参与的第一个项目，华智冰的视频原型确实是其视频，小冰团队对其视频的使用均是经过授权许可的，大家不用担心[①]。

"演戏的疯子，看戏的傻子。"如果只是想看到一场酷炫的技术秀，完全不在乎作品的背后是人还是算法，如果世人愿意把世间一切都视作一场魔术，那又何必苦苦求索真相呢？

---

① 张清乐. 清华虚拟大学生"华智冰"翻车真相：想迎合大众，结果歪了[EB/OL]．[2021.10.20]. https://baijiahao.baidu.com/s?id=1714102623139285880.

3.2 后现代艺术

人类艺术史上的诸多重大变革,都是以文学和美术为导火索而发生的,如文艺复兴运动的绘画和雕塑,如新文化运动时期的白话文,这和文字、图像和声音对于人类思想的基础性作用密切相关。20世纪的两次世界大战造成的社会巨变,使得后现代主义异军突起,给哲学、科学和艺术带来全面冲击,深刻影响和重塑了各个艺术领域。古典艺术似乎已经"过时",现代艺术似乎也只是昙花一现,后现代艺术的浪潮似乎势不可挡。

虽然后现代主义旗手约瑟夫·博伊斯"人人都是艺术家"的名言振聋发聩,但很长一段时间内这都是一场由艺术家推动的社会变革,民众在其中只是被动的接受者和欣赏者。这是因为在农业时代和工业时代,开展艺术创作需要很高的技艺门槛和表达门槛,唯有接受过长期专业技能训练的人才能

第 3 章 艺术文化：机器与人谁更适合成为艺术家？

德国艺术家约瑟夫·博伊斯（1921—1986）

脱颖而出成为众人追捧的艺术家，而其中又只有极少数有机会将自己的作品呈现给大众，很多青史留名的艺术大师，如梵高、卡夫卡等，都因此而在生前默默无闻，去世后却声名大噪。

互联网和人工智能的普及无疑是后现代主义者的福音，普通人终于可以像艺术家一样写作、绘画并随时将自己的作品在全球传播了，这简直是后现代主义"反传统""反终极价值""反深刻"梦寐以求的神器。显而易见的现实就是：社交自媒体平台加智能内容生成的完美组合，已经使反精英文学对传统文学在数量上、质量上和传播上都形成了压倒性优势。

从这个角度审视当下的网络文学、计算机绘画和智能音视频制作，就会意识到这根本就不是机器取代人，而是原来部分人专属的事，由于大量普通人借助智能工具涌入创作领域导致了格局重塑。这哪里是什么行业的消失，根本就是艺术界的重装起飞！

1998年，互联网开始在中国普及，当代汉语文学随之迎来一次重大的转型和革命，以网络为载体的文学类型与日俱增，如BBS文学、数字文学、手机文学、微博文学等。传统文本的一维空间打开方式转变为多维空间的渐次展开。2017年人工智能作者"微软小冰"的诗集《阳光失了玻璃窗》正式出版，出版方宣称这139首诗歌完全由人工智能生成，"这是人类历史上第一部机器人写的诗集"。该消息与九段棋手柯洁惜败AlphaGo的消息在朋友圈同样引发了热议。一些人斥其为"语言的游戏""只是让读者去猜谜，无法叙事"，作品"写得很差，令人生厌的油腔滑调。东一句西一句在表面打转，缺乏内在的抒情逻辑""'小冰'成功地学会了新诗的糟粕，写的都是滥调"，甚至断言"无论输入多少句子还是写不了真诗，真诗是有灵性的""把机器带有随机性的文字排列称为诗，对缺乏诗歌素养的人们会形成误导。与其把这本书的出版当成文学出版行为，毋宁将其当成推广技术的一种手段"①。

---

① 蔡震. 机器人小冰出版诗集 充其量是个语言游戏？[N]. 扬子晚报，2017-05-31.

第 3 章 艺术文化：机器与人谁更适合成为艺术家？

智能内容生成技术并没有在文学家的斥责中踯躅不前。使用智能写作工具如今已经不是什么新鲜事。**一是自动写作，**就是智能内容生成技术通过学习作品风格、情节、人物等要素，自动生成新的文学作品。目前国内外有一些自动写作软件，如微软的 AI 写作助手等。这些软件通过机器学习算法，能够自动生成新的故事情节和人物角色。**二是填充式写作，**就是智能内容生成技术通过输入的一些关键词或者文章主旨，自动生成一篇相应主题的文章。这种应用在新闻报道、科技资讯等领域比较常见。**三是人机合作创作，**就是人工智能和人类作家合作完成一部作品。人工智能可以提供创意和灵感，人类作家则负责将这些创意和灵感转化成文字。如人工智能程序"AI 科幻世界"，就可以在作家输入写作风格、故事背景、角色列表等关键要素后，由人工智能自动生成文本。对此，人民日报评论道：

曾经我们习惯于这样一种说法：如果担心将来有一天自己的工作被人工智能取代，那么就选择更有创造性或者独创性的工作吧！现在看来，人工智能已经不甘于被关在"创造性"的门外了……但更多尝试无意也无力和人类创作一争高下，而是在辅助创作、人机交互协作层面持续发力，以丰富文艺创作的手段方法，提升文艺生产的能力效率，带动文化产业的科技创新，满足当下日益多元的文艺消费需求……一件优秀的人工智能作品的意义，不是让之前无数的人类作品变得黯然失色,相反,它让我们重新看清了其背后那些世代经典的真正价值。人类投注于创作中的爱与智慧、丰富的情感与充沛的精神、对生命的观照与超越生命之上的追求,值得我们永远珍视,值得一代又一代创作者们接力精进。越是有人工智能的同行相伴,越要如此。创造永无止境,人工智能只会让人类对创造力的探求之路走得更深更远。①

2023年1月,美国推销员布雷特·席克勒(Brett Schickle)使用ChatGPT,仅用几小时就创作出一本30页带插图的儿童电子书,并通过亚马逊公司的自营网站进行了发售。这本书名叫《聪明的小松鼠:储蓄和投资的故事》,在书中ChatGPT粗略画就的松鼠萨米在偶然发现一枚金币后,开始学习如何省钱。它制作了存钱罐,投资了一家贸易公司,而后成为森林里最富有的松鼠。这本书在亚马逊Kindle商店的电子版售价为2.99美元,纸质版售价为9.99美元。席克勒的净收入不到100美元。虽然听起来可能不多,但这足以激

---

① 胡妍妍. 创造, 在人工智能的挑战下 [N/OL]. 人民日报, 2020-11-13. http://scitech.people.com.cn/n1/2020/1113/c1007-31929574.html.

励其他作者使用该软件撰写其他图书。截至 2023 年 2 月中旬，亚马逊 Kindle 商店已有 200 多本将 ChatGPT 列为作者或合著者的电子书，且这个数字每天都在上升，加上还有许多作者没有透露是否使用了 ChatGPT（亚马逊没有强制要求说明），所以无法较准确统计 ChatGPT 到底写了多少本书。

人工智能系统生成的获奖画作：《太空歌剧院》

画家的领地也受到人工智能的强烈冲击。2022 年，"呼叫 AI 帮我画"辞条引发热议。参与者只需要描述自己希望看到的画面，AI 便可自动模型生成的画面[①]。虽然 AI 绘画只是通过一组图像数据来训练其模型，并根据所训练数据的"风格"输出图像，但从表现上看，经过自动迭代的智能算法确实可以根据用户指令完成一幅绘画的"创作"，这种"行为"在外人眼中其实与人类画家没有差别。

---

① 周文猛. 被 ChatGPT "霍霍"的文学界：由 AI 编写的投稿激增，17 岁老牌杂志宣布暂停征稿［EB/OL］．［2023.02.22］. https://www.sohu.com/a/644766440_115128.

2022 年 8 月，美国科罗拉多州举办艺术博览会，游戏设计师杰森·艾伦（Jason Allen）使用人工智能绘图工具 Midjourney 生成，再经 Photoshop 润色的《太空歌剧院》获得数字艺术类别冠军，引发无数人类艺术家的"愤怒"甚至是对设计者和主办方的围攻和吐槽，而主办方却初衷不改地坚持将人工智能画作放在了艺术大赛的冠军宝座上。也许这将被后人视为智能内容生成技术首次在"审美"上超越人类艺术家。

陳珊妮
3-22 16:20 来自 微博视频号

這是一首由陳珊妮調教，
教會 AI 唱出動人真情的歌。

2023 年，金曲歌手、製作人陳珊妮與 Taiwan AI Labs 工程師合作，推出台灣第一首由仍然活躍於線上的歌手提供歌聲資源，並且親自指導、製作 AI 演唱的單曲〈教我如何做你的愛人〉。當你聆聽這首歌，如同陳珊妮本人親自演唱的輕重緩急、呼吸停頓，直至唯美的單曲封面，其實全由 AI 生成。

在 AI 發展熱議的當下，創作人的興奮與擔憂並行，陳珊妮期望透過這首歌，促動所有關心藝術創作的人思考——如果 AI 的時代必將到來，身為創作人該在意的或許不是「我們是否會被取代」，而是「我們還可以做些什麼」。

文学和绘画已经"智能化"了，音乐领域当然也不会坐视不理。2023 年 3 月 22 日，歌手陈珊妮在微博发文披露，其新歌《教我如何做你的爱人》是由 AI 演唱的。不止歌曲本身，就连 EP 封面也是由 AI 技术生成的。其实早在 2020 年底的"网易未来大会"上，一首由 AI 原创单曲《醒来》就被公开发行，这首"网易首支词曲编唱全链路 AI 音乐作品。歌词生动、旋律动感、歌喉惊艳，展现出 AI 媲美专业音乐人的创作能力和歌唱实力。从创作到演唱生成歌曲仅需一小时"[①]。

作为晚近出现的影视艺术，对于人与机器的思考其实早就开始了，且一直就是经久不衰的创作主题，天马行空的艺术家们早在 1927 年默片时代就有《大都会》这样极为深刻的影片，其中的很多场景现在看来依然很科幻。

1927 年电影《大都会》剧照

2019 年，日本动画片《Carole & Tuesday》则更为直白，讲述了未来人类移居火星多年后，依赖 AI 所构建的文明与便捷，过着以享乐为主、舒适无忧的日常。AI 逐渐取代了人类劳动力，甚至可以读取人们的情感，从而创造出人们喜爱的音乐。在首都阿尔巴市，少女 Carole 与 Tuesday 怀抱对歌唱的渴望，激荡出共同逐梦的勇气，在选秀节目上战胜要

[①] 龙云飞. AI 单曲《醒来》首发，唱功媲美专业歌手［EB/OL］.［2020. 12.15］.https://tech.gmw.cn/2020-12/14/content_34462768.htm.

依靠 AI 写歌的对手,成为了明星歌手!

这似乎是一场科学技术与艺术的盛大婚礼,哲学社会科学似乎只是看客,或者说完全被科学技术的光芒遮蔽了,但一系列全新的社会挑战却会因这种失落而来势汹汹。**如知识产权问题**。智能内容生成技术固然可以快速生成大量的文章和作品,但是这些作品的知识产权以及其所使用的原始数据和信息中涉及人类的知识产权,该如何界定呢?可不可以认为智能内容生成技术"抄袭"了人类作品,或是又被其他智能内容生成甚至人类所"抄袭"了呢?这个问题对保护艺术原创性乃至生存具有决定性意义。从更大的社会范畴看,这是一个有关"诚实"和"原创"的认定甚至是重新理解的问题。**再如文化和价值观的问题**。智能内容生成技术可以根据输入的数据学习语言模式和文化特点,但是这些数据往往存在着文化和价值观的偏差。如果智能内容生成技术不能正确地理解和表达文化和价值观,那么"智能艺术"引起文化冲突和误解甚至是社会动荡的可能性就比人类艺术家大得多。这可真是:

文字、声音和图像,源自人工;

哲学、科学和艺术,归于智能。

3.3 后人类文明

2007 年 8 月 31 日,Crypton Future Media 推出虚拟歌手"初音未来",它是以雅马哈的 Vocaloid 系列语音合成程序为基础开发的音源库,音源数据资料采样于日本配音演员藤田咲。但一批音乐人对这个音源库的开发利用,使得"初音未来"迅速成为真正意义上的歌手。2010 年 3 月 9 日,世嘉公司在东京举办演唱会。在全息投影、语音合成、智能视频处理等技术的加持下,这场演唱会使"初音未来"成为第一个使用全息投影技术举办演唱会的虚拟偶像。2500 张演唱会门票在短时间内被抢购一空,演唱日当晚有超过 3 万名观众通过付费网络直播观看。

2012 年 3 月 22 日,中文虚拟偶像"洛天依"的形象设计首次公布。同年 7 月 12 日,第八届中国国际动漫游戏博览会正式推出"洛天依"的声库,由国内配音演员山新作为

其音源。2016年2月2日,"洛天依"登上湖南卫视小年夜春晚合唱《花儿纳吉》,成为首名登上中国主流电视媒体的虚拟歌手。2017年12月,"洛天依"与周华健在江苏卫视跨年晚会首次演唱英文歌曲《Let it go》。2018年3月,"洛天依"和京剧名家王珮瑜在中央电视台综合频道《经典咏流传》跨界合作演绎《但愿人长久》。2021年2月11日,"洛天依"登上了央视春晚,表演少年歌舞《听我说》。2021年6月7日,为配合做好中俄科技创新年宣传报道,"洛天依"与俄罗斯虚拟歌手共同用俄语演唱的单曲《出发向未来》发布。到2023年,洛天依已经成为各类官方演出的常客,如1月在《2023欢乐春节音乐会》上演唱《神鸟》、2月参加《"四海同春"2023全球华侨华人新春云联欢》演出等。

如果说虚拟歌手只是利用智能内容生成技术丰富了表演的形式,与观众只能进行有限的互动,那么虚拟主持人和虚拟主播的出现,则彻底打破"第四面墙",实现了人工智能与人类的实时互动。2019 年 10 月,科大讯飞发布虚拟主播系统 2.0,面向媒体从业者和互联网内容创作者提供一站式的虚拟主播制作和编辑服务,用户只需要提供文稿并进行简单设置,就可以完成一次专业级的新闻视频制作。

虽然现在断言虚拟主播取代人类主持还为时尚早,但不可否认的是,虚拟主播的出现将对人类的艺术生活产生深远影响:它们不会疲惫,可以 24 小时为你播报新闻;它们不会厌倦,可以随时随地和你互动;它们不会撒谎,只是基于数据与你交流;它们没有自己的私欲,完全根据你的喜好为你定制新闻……面对这样的虚拟人物,你会青睐人类还是更愿意跟随这些"完美无瑕"的虚拟生命呢?

意大利思想家卢西亚诺·弗洛里迪将信息技术变革下的人工智能,视为继哥白尼革命、达尔文革命、精神科学革命之后的第四次革命:"图灵使我们认识到,人类在逻辑推理、信息处理和智能行为领域的主导地位已不复存在,人类已经不再是信息圈无可替代的'主宰',数字设备代替人类执行了越来越多的原本需要人的思想来解决的任务,而这使得人类被迫一再地抛弃一个又一个人类自认为独一无二的地位。"[1]

---

[1] 卢西亚诺·弗洛里迪. 第四次革命:人工智能如何重塑人类现实[M]. 王文革,译. 杭州:浙江人民出版社,2017.

"科技不但改变了人的生活,也改变着人类本身,身高、体重、外貌都可以改变,基因可以被编辑且孕育新的生命,或许可以说我们就是赛博格,赛博格是我们的本体论。"[①]

赛博格(Cyborg)概念的出现,从哲学上看就是人类对现有生存状态的一种超越:人的身体、生命、生存方式都被技术化,技术逐渐弱化了人的身体能力,人的自然意识和情感能力也逐渐消解,人类整体进入了被技术解构的"后人类"社会。尼克·博斯托罗姆认为:"'后人类'和'后人类文明'被用来指示某个我们在将来某一天可能达到的、技术上被高度武装的人类社会(这种人具有更高的智力和体力以及更长的生命周期)。"[②] 后人类时代的人类社会的现实生活将产生重大变化,后人类文学将有全新的叙事方式,文学作品反映社会现实这一功能也面临着前所未有的转变。

作为后人类文明中的一个人类艺术家,将是一种怎样的体验呢?以笔者的想象力和审美力要回答这一问题可能还不够格,但如果从工作和职业的角度分析,艺术家群体可能是所有行业中最不希望千篇一律、整齐划一的,后人类文明中的艺术创作,将呈现一派机器人艺术家、动物艺术家和人类艺术家同台献艺、百花齐放的未来艺术图景。人类作家在其

---

① 哈拉维. 类人猿·赛博格和女人:自然的重塑[M]. 陈静, 译. 郑州:河南大学出版社, 2016.
② 曹荣湘. 后人类文化[M]. 上海:读书·生活·新知三联书店, 2004.

中需要保持创新精神和专业性,也需要拥抱变化和转型,探索与智能内容生成技术的结合,只有通过不断体现人类作家在审美意义上的独特性,才能够在后人类文明时代成为"德艺双馨、技艺双全"的人类艺术家。

智能内容生成令"人人成为艺术家"的口号成为现实,当艺术的审美与哲学的思辨,都被科学的万丈光芒遮蔽的时候,讨论"机器与人类谁更适合成为艺术家"这件事,本身就颇具美感。

这简直就是一场全人类共同参与的"艺术品",不是吗?

3.4 AI 的回答

就本章讨论的相关问题,笔者于 2023 年 4 月 5 日与 ChatGPT 进行了互动,结果如下:

==================== **ChatGPT 的解答** ====================

> 机器人和人谁更适合成为艺术家?

> 艺术是一种复杂的创造活动,需要创造者具有创造性、情感和想象力等能力。在这方面,人类有着独特的优势。
>
> 首先,艺术是一种反映人类情感、文化和价值观的创造活动。人类拥有自己的文化背景、经验和情感,可以用自己的语言和视角来表达这些东西。机器人缺乏文化多样性和身份认同,很难用独特的方式表达这些

元素。

其次,艺术是一种探索和思考的活动。艺术家需要运用自己的想象力、创造力和批判思维来创作。这些能力都是人类天生就具备的,机器人的创作往往只是基于预设的算法和程序。

不过,随着人工智能技术的不断发展,机器人在某些艺术领域已经展现出了令人惊讶的能力。例如,机器人可以通过算法和程序模拟出一些艺术形式,例如绘画、音乐和舞蹈。此外,在某些艺术创作中,机器人可以通过模拟人类的创作风格和思维模式来完成艺术作品。

总体来说,机器人和人都有各自的优势和限制。未来,可能会出现更多结合了机器人和人类艺术家的合作形式,产生更多具有创新性和想象力的艺术作品。

☺ 未来机器人是否可以成为艺术家?

◎ 未来机器人在某些方面可以成为艺术家,但在其他方面可能不行。机器人可以通过程序和算法生成艺术作品,例如图形、音乐和文学等。这些作品可以基于数据集和规则生成,以创造出具有美学和情感价值的艺术作品。机器人也可以通过学习和适应来提高他们的创造性,从而创造出更多样化的作品。

然而，机器人可能无法完全取代人类艺术家。艺术不仅仅是一种技术活动，它也涉及到人类情感、意识和经验。艺术家通过自己的经验和直觉创造作品，表达出他们的情感和思想。这种创造过程可能是机器人难以模拟的。

总之，未来机器人可以成为一种新型的艺术家，但他们可能永远无法取代人类艺术家所带来的情感体验和独特性。

> 人工智能对后现代主义艺术的影响是什么？

后现代主义艺术强调的是对艺术、知识、文化等传统概念的挑战和重构，这与人工智能的核心理念相似，即通过技术手段改变、重构和创新现有的事物。因此，人工智能对后现代主义艺术产生了一定的影响。

首先，人工智能技术为后现代主义艺术家提供了新的创作方式。例如，艺术家可以使用计算机程序生成抽象艺术作品，利用算法和数据可视化工具创作出新型的多媒体作品，这些作品突破了传统艺术的形式和表现方式。

其次，人工智能对后现代主义艺术的形式和语言产生了影响。人工智能技术可以模拟人类的思考和创造过程，生成出独特的艺术风格，这使得后现代主义艺术家有了更多的表现方式和语言。

另外,人工智能对后现代主义艺术家的思考方式和理念也产生了影响。人工智能的核心思想是重构和重塑,这与后现代主义艺术家的思考方式相似。艺术家可以通过模拟人工智能的思考方式,从不同角度看待事物,挑战传统的艺术形式和概念。

总的来说,人工智能对后现代主义艺术的影响是多方面的,这为艺术家提供了更多创作的可能性和方式。

4

脑力劳动：科学家和机器人谁是谁的助手？

第 4 章　脑力劳动：科学家和机器人谁是谁的助手？

在人类的生存、生活和生产活动中，劳动是最基础也是最关键的行为之一，而在哲学、科学和艺术的分野中，科学技术的客观性是最强的。既然计算机的运算速度远超人类，互联网的知识储备更是集古往今来所有人类智慧成果于一体，人工智能的思维博弈能力也完胜人类棋手，那么当人工智能具备了内容生成能力，人类的脑力劳动是不是可以交给 AI 了呢？思想家和科学家们是不是可以歇着了呢？把一切难题都交给人工智能，人类只要动动嘴皮子就可以坐享其成了吗？

4.1 洞穴隐喻

当今社会,从事科研或相关工作一般被称为"脑力劳动"。使用这种与"体力劳动"相对应的说法,其实并不是自古就有的。古典时期的脑力劳动者,如思想家、科学家等,在多数情况下不会被看作一种职业,更多时候是一种社会地位和阶层的象征,柏拉图、亚里士多德这样的人是不可能与贩夫走卒相提并论的。

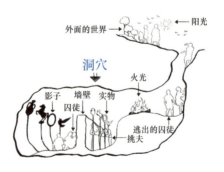

柏拉图《理想国》中的"洞穴隐喻"

第 4 章　脑力劳动：科学家和机器人谁是谁的助手？

柏拉图在《理想国》中以洞穴隐喻描述了知识的基本概念以及脑力劳动者的卓尔不群："设想在一个地穴中有一批囚徒。他们自小待在那里，被锁链束缚，不能转头，只能看面前洞壁上的影子。在他们身后的上方有一堆火，有一条横贯洞穴的小道；沿小道筑有一堵矮墙，如同木偶戏的屏风。有一些特定的人，扛着各种器具走过墙后的小道，火光则把透出墙的器具投影到囚徒面前的洞壁上，这些器具就是根据现实中的实物所做的模型。囚徒们自然地认为影子是唯一真实的事物。如果他们中的一人碰巧获释，转过头来看到了火光与物体，这个人最初会感到眩晕，但他会慢慢适应。当他看到有路可走，便会逐渐走出洞穴，看到阳光下的真实世界。此时，他会意识到以前所生活的世界只不过是一个洞穴，且以前所认为的真实事物也只不过是影像而已。这个时候，他有两种选择，返回洞穴或者留在真实世界。最终不知出于什么原因，结果就是他选择了返回洞穴，并试图劝说他的同伴也走出洞穴。但他的同伴根本没有任何经验，所以会认为他在胡言乱语，根本不相信，并且会绑架他，甚至可能会杀死他。"柏拉图声称囚徒代表人类无知的状态，囚徒走出洞穴的过程则被比喻成通过教育而获得真理的过程。其中转向是个至关重要的举动。我们可以把上升之途和对上面事物的观照，解释成是灵魂上升到可知世界而变成哲学家的过程[1]。很多人将柏拉图的洞穴隐喻和"哲人王"概念视作古典希腊城

---
[1] 赵敦华. 西方哲学史[M]. 北京：北京大学出版社，2001.

邦公共政治生活时代的结束，以及哲学与宗教时代的开始，因为这体现出柏拉图的核心哲学思想：理想的城邦具有唯一性，真正的哲学家适合作为城邦的统治者。

启蒙运动之后，随着人类社会工业化大分工的不断深入，思想家、哲学家群体和其他社会群体一样被逐渐职业化，"哲人王"在资本主义的崛起浪潮中不再超脱，逐步世俗化为以脑力劳动为主的职业。思想家和科学家也需要遵循特定的职业规范和行为规范。由那时至今的人类历史看，这种职业规范至少包含三个方面的要求：

首先是创造性。比如思想家提出一种新理论，科学家发现一个新定理，技术员完成了一个新设计，程序员编写了一段新程序……只要其中包含有自身独立思考的结果，而不是直接照搬照抄他人的思想产品，就是一种智力创造。对于那些两个人"背靠背"同时发现相同原理或技术的情况，并不会因为思想产品的雷同而否定其中的创造性，比如牛顿和莱布尼茨同时发现微积分，从这个意义上说，创造性实际上是对思想产品生产过程的一种特征描述。

其次是价值性。也就是脑力劳动者所创造的思想产品对社会是有价值的。这种价值既可以是成果推广应用所带来的经济价值，也可以是理论学说广泛传播造成的社会价值，甚至可以是被他人阅读所带来的个体心理层面的价值。但不能是脑力劳动者自娱自乐、锁在抽屉里永不现世的自我价值认同,因为那就意味着这个思想产品完全脱离了社会,并未融入到社会生活中,至多算是启蒙运动之前老夫子们的敝帚自珍。

再次是传播性。也就是脑力劳动者所创造的知识产品,无论是在形式上还是价值上,都是可以进行时空传承的。如果一个脑力劳动者所创造的思想产品是"一次性"的,既不可复制,也无法传承,那和梦境其实并没有本质区别;如果将脑力劳动者创造的思想产品记录下来传播开甚至随着时间的流逝持续传承,并在一定范围内产生了价值,就应当视为一种知识生产,比如很多灵感来自梦境的文学作品、门捷列夫从梦境中获取灵感的元素周期表。化学家凯库勒在睡梦中得到的苯分子结构后,说出了一句著名的双关语:"让我们学会做梦吧!那么,我们就可以发现真理。"

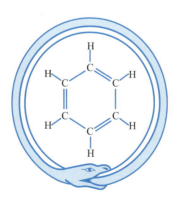

受"贪吃蛇"梦境启发的凯库勒发现了苯分子结构

当然也有人声称，思想家和科学家们的一个关键行为规范是真实性，因为求真务实是一个脑力劳动者所应有的基本品质。但实际上，人类科学史和思想史上真正称得上"真理"的思想产品是极少数，绝大多数时候思想家和科学家们是在"犯错"，因为大量试错是逐步逼近真理的必经之道，所以真实性其实是脑力劳动者的终极目标而非行为规范，如果将其作为知识生产的关键职业守则，就会大大否定那些处于苦苦探索中的脑力劳动者的艰苦努力：如果爱迪生在6000多次失败后被社会冠上"骗子"的头衔，那他还能坚持不懈地研制电灯泡钨丝吗？如果居里夫妇在连续失败后选择了放弃，或是在查德威克通过重新解释他们的实验而获得诺贝尔奖之后被冠以"伪科学"的名号，他们还能坚持到底吗？

"真实性"作为科学客观性的最直接表现，是一切知识生产理所当然的底线，也是所有科学家的最高追求，它既是贯穿上述三原则的基石也是三者的结果。如果将其作为知识生产这个充满失败和错误的社会事业的行为规范，那么其他原则将不具有实质意义。这种"一言以蔽之"、以目标定义过程的"唯结果论"是不符合科学精神的。

当然，如果仅凭以上三个高度简化的知识生产职业规范，来回答"人工智能会不会取代科学家"这个问题，答案几乎是肯定的：在创造性方面，人工智能早已显示出了巨大的威力，人类第一台计算机"炸弹"就以一己之力破解了人类科学家数百年都无法破解的"英格玛密码"。2020年11月,人工智能公司DeepMind在《自然》发表论文,宣布AI方法可以准确预测蛋白质的三维结构。随后,欧洲分子生物学实验室、欧洲生物信息学研究所的另一篇论文宣称,人工智能可大规模预测98.5%的人类蛋白质的三维结构。相比之下,人类科学家百年辛苦工作也仅仅完成了2%。在价值性和持续性方面,人工智能相对于人类知识生产者的优势更无需多言。从这点来看,人工智能技术取代科学家的工作似乎指日可待。

但是,如果从人类的思想史和科技史来看,事情可能远没有那么简单。无论是古代还是现代,人类知识生产者都是通过运用自身掌握的和社会提供的各种专业知识进行智力劳动的。历史上出现的任何新技术新工具,对于人类知识生产者来说都是一种新的生产资料或生产工具,而不是一个新的竞争者甚至取代者:计算机的出现并没有令数学家消失,反而使得他们更加深邃;射电望远镜不但没有使天文学家下岗,反而使他们眼界更加辽阔;算法驱动的情感计算技术让心理学家们如鱼得水,而不是沮丧。一切似乎都在表明,遵从"创造性"原则的知识生产者,只会因人工智能的兴起更加强大。

因此,仅仅以脑力劳动者的一般性原则去解读机器与人类的关系是远远不够的,只有更加深入地考察脑力劳动的生产性原则,或者说过程性原则,才能发现问题的关键所在。

4.2 螺旋和范式

当今社会的脑力劳动已经不再是柏拉图时代"哲人王"的专宠,而是成为了一种司空见惯的社会现象。对于经济社会中普遍存在,或者说必不可少的知识生产行为,人类思想家也提出了各种各样的解释行为,其中与本书主题关系最为密切的,是针对个人的"知识螺旋"理论和针对社会的"范式革命"理论。

"知识螺旋"理论(SECI 模型)由日本学者野中郁次郎在 20 世纪末提出。该理论认为,可将人的知识划分为显性知识(也称形式知识)和隐性知识(也称暗默知识),前者是可用语言符号表达出来的知识,后者则是"只可意会不可言传"的知识,比如,有个不会骑自行车的人向你请教如何骑车,你回答说:"双手握把,双脚踩动脚踏板,要在运动中不断保持平衡。"这就是显性知识。而这个不会骑车的人仅仅掌握显性知识是不够的，他还必须通过反复练习，真正掌握关于骑车的难以言表的"隐性知识"，才算是完整地拥有了这门知识。SECI 模型就是根据这两种知识在不同知识生产者间的传递过程，构建出的一套知识生产的模型。这个由四个过程循环往复形成的螺旋，就是知识生产的完整运作过程。

"知识螺旋"理论（SECI 模型）

从 SECI 模型可以发现，人工智能对于显性知识具有极大的强化作用，特别是在显性知识从一处向另一处传播的"表出化"和"连接化"阶段，智能内容生成大有用武之地。但在隐性知识领域人工智能的作用则很有限，所以人工智能只能作为一个环节存在于知识生产的螺旋过程。也许未来的某一天，当人工智能在那些"只可意会不可言传"的隐性知识方面也具有了强大能力的时候，人类科学家真的要考虑是否改行了。但如果真到了那一天，一个新问题又会成为人类思想家和科学家需要求索的问题，那就是人类到底该不该思考，该思考些什么。这又会催生出一个新的知识生产领域，让无数聪明人沉迷其中，而这实质上不过是完成了人类思想史上一个更加宏大的知识螺旋，回到了千年前铭刻在阿波罗神庙门柱上的神秘铭文：认识你自己！

以ChatGPT为代表的智能内容生成技术，以强大的普适性、广泛的适用性以及上手难度低、使用成本低等特点，为普通人能够广泛参与知识生产提供了强大工具。如果说印刷术在大大降低知识存储成本的同时大大增加了存储时长，互联网在大大降低知识获取成本的同时大大提升了知识传播的速度，那么智能内容生成则在大大降低用户对于知识的学习成本、理解成本和生产成本的同时，大大提高了普通民众思想观念的生成速度，使得普通民众可以全自动地从海量的互联网信息中迅速提取知识、归纳观点、生成结论，有望真正成为一种可被普通民众掌握的自动化、个性化的知识传播和观念生成工具，从而使得机器和算法成为个体心理与社会知识之间的自动化中介，而民众则可以完全"不假思索"地得到所需要的结论和观点。至于信息的真实性和科学的严谨性，就完全交给算法和互联网。

上述观念对传统意义上的学术研究显然是难以接受的。

第 4 章　脑力劳动：科学家和机器人谁是谁的助手？

人类科学的发展始终伴随着一套更规范化的知识生产和传播审核机制，这不但是为了维护创造性原则，减少抄袭和造假现象，也是提高知识生产效率的重要保障。1962 年，美国科技哲学家托马斯·库恩的著作《科学革命的结构》问世。该著作总结提出的科学发展的"范式"（paradigm）概念，就是将人类科学发展的一般规律描述为"前范式—科学革命—后范式"结构。在前范式阶段，大多数科学家在一种受到普遍认可行为规范——"科学范式"下开展知识生产，这一阶段科学家群体的主要工作，是通过知识生产的实践来不断验证和优化既有的科学范式。随着时间的推移，源源不断的知识生产必然会与既有范式产生一些不相容，这是由科学规律中的创新性和突破性所决定的，这些不相容随着知识生产的逐步累积会最终导致既有范式难以满足知识生产的需要，从而引发所谓的"范式革命"，即：需要构建全新的知识生产的行为规范，并由此进入"后范式阶段"。

根据范式革命理论，人类历史迄今为止的科学范式可以概括为"经验范式""理论范式""模拟范式"和"数据范式"四种。前三种范式在人类历史上存在和运行的时间都较为久远，且相互之间的协同和融合也已比较稳定；"数据范式"是随着大数据和人工智能技术的发展新提出的一种科学范式，其核心思想就是利用机器学习算法和数据资源开展知识生产，这种范式将人工智能置于知识生产的核心，人类则前所未有地将知识生产的主力位置让渡给机器。从实际情况看，"数据范式"带给人类的冲击才刚刚开始，当今人类可能正处于新一轮"范式革命"的起始阶段，还要经过相当长的一段时间才能进入"后范式阶段"。

也就是说，在数据范式全面完善之前，智能内容生成技术带给知识生产特别是专业领域科学研究的破坏性可能要大于建设性。一旦其自身的规范化程度满足科研行为的要求，"数据范式"成为可行的科学范式，新范式的研究领域必然会对旧范式的研究领域产生挤压，相当一部分知识生产将从人类科学家的手上移交给人工智能。而无论是从理论上还是历史经验上看，"经验范式""理论范式""模拟范式"等旧范式也并不会消失。范式革命理论强调不同范式之间是可以和谐共存的，并不一定相互取代。

随着智能内容生成大大降低知识生产的进入门槛，数据范式的大规模崛起已经是大势所趋。2022年11月，Meta AI联合Papers with Code发布大语言模型Galactica。该模型的一大特点就是自动撰写科研论文，它撰写的论文结构完整、内容详实，摘要、介绍、公式、参考文献等要素一应俱全。开发者声称利用4800万篇论文、教科书和讲义，数以百万计的化合物和蛋白质，科学网站、百科全书以及来自"自然书"数据集的更多内容，对Galactica进行了训练。但这个貌似强大的机器学习模型仅仅上线不到一周时间，就在一片质疑声中被迫下架。一位名叫 David Chapman 的学者指出，该语言模型是整理合成语言的，而不是知识生产。他以自己的一篇论文为例说明了这个问题：机器学习算法模型从该论文中提取了部分关键术语，然后使用一些相关的维基百科文章编辑合成出一篇错漏百出的文章[①]。知名学者、Robust.AI 的创始人 Gary Marcus 也对该模型表达了强烈的质疑："大型语言模型（LLM）混淆数学和科学知识有点可怕。高中生可能会喜欢它，并用它来糊弄他们的老师。但这应该令我们感到担忧。"

Galactica 倒下了，但紧随其后的 ChatGPT 却无人能挡，其对学术界的冲击已经不是几个专家的批评能够应付得了的。据媒体报道，多家全球知名学术期刊正在更新编辑规则，因为 ChatGPT 强大的语言理解和学习能力使其生产出的学术摘要可以骗过期刊审稿人。《科学》明确禁止将 ChatGPT 列为合著者，且不允许在论文中使用 ChatGPT 生产的文本；《自然》则表示可以在论文中使用大型语言模型生成的文本，其中包含 ChatGPT，但不能将其列为论文合著者，原因是"ChatGPT 不符合学术文章作者身份的标准，因为它无法对科学论文的内容和完整性负责"[②]。

[①] 陈萍，小舟. 上线仅两天，AI 大模型写论文网站光速下架：不负责任的胡编乱造 [EB/OL]. [2022.12.18]. https://new.qq.com/rain/a/2022111-8A03R1Q00.

[②] 王楠. ChatGPT 爆火：权威期刊说"不"，令美国教师头疼 [N]. 环球网科技报道，2023-2-8.

这确实是一个非常值得深入讨论的问题。这不仅事关传统范式与数据范式哪个更适用于论文撰写这类知识生产，更重要的是，人类作为知识生产主体的地位会改变吗？人类和人工智能究竟谁是谁的助手呢？

2019年一个阳光明媚的下午，笔者团队在北京看到一个在公众场合四处游走的互动机器人，其身后20米处是手持仪器随时待命的一位博士。那时的智能机器与人类互动的能力还很窘迫，随时可能因被人类语言"调戏"而宕机；且机器人在适应自然开放环境方面的能力也很有限（即使是4年后的今天也是如此），可能随时需要它的"人类助手"进行维护，以至于笔者遇到的这位年薪百万的博士，在这个"陪着金贵的机器人遛弯、晒太阳、聊天，每天最少五万步"的工作岗位上被晒得又黑又瘦……

4.3 数字理性

人类一思考,上帝就发笑。善于思考的人类终于在启蒙运动中把神从至高无上的宝座上拉了下来,科学和理性成为了人类理解和解释世界的核心,繁花似锦的知识成果顺理成章地成为融合了理性光辉和人性关怀的信仰图腾。但随着人工智能的强势崛起,推崇理性的人类似乎要亲手将一个技术物推上空置已久的"神位"。

不需要多么丰富的想象力,现在的人类就已经可以非常肯定地说:世界上没有任何一个人,拥有比 GPT 更大的知识量、更快的计算力、更好的传播力。在技术理性这一块,人类被机器团灭几乎已经不可避免,对理性的信仰越是坚定,似乎就越应该把人类的未来交给人工智能。那么在未来,人类会不会像美国电影《惊奇队长》中的宇宙至强种族"克里人"那样,把一个名为"至高智慧"的超级计算机视为裁决一切、掌管一切的神呢?

这种情况的发生至少需要满足三个关键条件:**一是人性对于理性的绝对服从与膜拜**。也就是说,人类的感性要绝对服从于理性,这是人类臣服于智能机器并将其升格为神的前提,但以目前人类社会的情况看,在可以预见的将来,这种情形不但绝无发生的可能,反倒是感性完全压倒理性的情形会极大概率出现。**二是理性机器能够应对人类的各种问题或者说诉求**。这是由知识生产的价值性决定的,无论是解决问题,还是解决和问题有关的人,知识生产机器都必须对问题做出有效回应,否则就是没有价值的,唯有具备全人类都认可的巨大价值的人工智能才有资格走上神坛,而在可以想象的时间内,人工智能还无法达到这种水平。**三是具备神格的智能机器应当是自成一体的**。也就是智能机器不但要具有逻辑上的自我实现性,而且要具有功能上的自我实现性,不需要人类"供养"就可以长期维持存续和功能。一个生存权都掌握在人类手中的机器,怎么可能成为统治人类的"神"呢?以这个标准看,科幻电影《黑客帝国》中击败人类并将人类作为饲料和能量来源的"矩阵",确实是一个自成一体之神。

对普罗大众而言,与其仰望星空思考智能的神化问题,不如俯下身子看看当下的社会。在科学高度昌明的今天,人工智能似乎已经成为一匹脱缰的野马,哲学、科学和艺术的相对脱节,使得科学即将完全脱离社会以及心理的制约。2023年3月29日,著名科学机构"生命未来研究所"(Future of Life Institute)发布公开信,呼吁所有人工智能实验室立即暂停训练比 GPT-4 更强大的人工智能系统至少 6 个月。包括马斯克、辛顿等 1000 多位知名人物签署了这封公开信:

一封公开信:停止大 AI 实验

"广泛的研究表明,具有与人类竞争智能的人工智能系统可能对社会和人类构成深远的风险,这一观点得到了顶级人工智能实验室的承认。正如广泛认可的'阿西洛马人工智能原则'所述,高级人工智能可能代表地球生命史上的深刻变化,应该以相应的关照和资源进行规划和管理。不幸的是,这种级别的规划和管理并没有发生,尽管最近几个月人工智能实验室陷入了一场失控的竞赛,以开发和部署更强大的数字思维,没有人(甚至包括其创造者)能理解、预测或可靠地控制。"[1]

---

[1] 马斯克等千名科技人士发公开信:暂停训练比 GPT-4 更强大的 AI 系统[EB/OL].[2023.03.29]. https://www.thepaper.cn/newsDetail_forward_22490961.

这封信一经公开就引发了巨大争议，支持者和反对者两方都是大咖云集、旗鼓相当。在相当长的一段时间内，关于人工智能的争论还将在科技界持续不息。不难看出，科学发展固然有其内在规律，但任其脱离社会伦理和人类心理的外在约束是不"合理"的，哲学社科和艺术对于科学而言不能是可有可无的装饰品，而应该是健康发展的必需品，这就好比一个热爱健身的人，如果只撸铁不吃饭不睡觉不学习，那么他要么很快暴亡，要么沦为野兽。毫无疑问的是，人类的知识生产将在人工智能的助力下进入一个全新的高度，与其相协调的的数字理性，应当是有效包容了社会行为规范和社会心理的，而不是"科学怪人"弗兰克斯坦，更加合情合理的未来场景也许应当是这样的：

一是随着知识生产自动化程度的大幅提升，知识生产的效率大幅提升。 在智能内容生成的准确性得以确保之后，人工智能作为知识提取、自动推理甚至模拟验证的自动化工具，将极大优化人类知识生产者的效率，思想家和科学家们过去三年五载才能得到的思想产品，未来也许只要一个上午就可以了。

二是随着知识融合的不断加深，知识生产的综合性将越发凸显。 基于问题的知识生产将逐步取代基于领域的知识生产，也就是所谓的"跨界思维"将逐步成为常态。由于知识生产者借助人工智能的力量，掌握陌生领域知识的成本大大降低、速度大大提高，传统的先界定问题及其所在的领域，再依据领域知识和方法进行知识创造的过程将逐渐失去主导地位，只要是与问题相关的知识，无论哪个知识领域都可以随时为我所用，这就形成了一种以问题为中心、以全人类知识储备为"领域"的全新知识生产范式。

三是随着人工智能真正成为一种人人可用的知识生产工具，知识生产的门槛将被大幅压低。 不但普通人介入知识生产的可能性大大提高，而且衡量知识生产者能力的标准，也会从传统的专业知识积累和专业能力训练，逐渐演化为对于知识生产工具的掌握。如果从工业化大分工的视角来看，这似乎意味着知识生产的职业化特征更为明显了，但在人人都能从事知识生产的未来，何尝不意味着智力劳动和体力劳动之间界限的消失呢？

今天的某些知识生产者，体力消耗强度已经大到挑战人类的生理极限了。人工智能对于这种以折损人类健康为代价的知识生产的取代，到底是在砸科学家们的饭碗还是在拯救他们于水火呢？

4.4 AI 的回答

就本章讨论的相关问题，笔者于 2023 年 4 月 5 日与 ChatGPT 进行了互动，结果如下：

===== **ChatGPT 的解答** =====

☺ 科学家和机器人谁是谁的助手？

🤖 科学家和机器人之间的关系应该是相互协作和互补的，而不是上下级或者主次之分。科学家和机器人在科学研究、工程技术、医学疗法等领域都有各自的优势和限制，可以互相补充和协作，共同完成任务。

科学家具有创新思维、理论分析和决策能力等优势，可以制定研究计划、设计实验方案、分析结果和推断结论等。而机器人则具有高速运算、精准控制和重复性操作等优势，可以协助科学家进行实验和数据采集、提供准确的数据分析和预测结果等。

因此，科学家和机器人可以互相协作，相互补充。科学家可以通过制定研究计划、设计实验方案、分析结果等工作，为机器人提供明确的指导和目标；机器人则可以通过高速计算和精准操作等能力，提供给科学家更加准确、全面和可靠的数据和结果，协助科学家更好地完成研究工作。

因此，科学家和机器人的关系是相互协作和互补的，不应该把它们看成是谁是谁的助手。只有两者相互协作，才能更好地推动科学的进步和发展。

> 人工智能会不会取代科学家？

> 人工智能目前在某些领域已经展现出了令人瞩目的成果，例如在图像识别、语音识别、自然语言处理等方面。但是，人工智能取代科学家的可能性非常小，原因如下：

首先，人工智能只是一种工具，它的能力来源于其算法和模型的训练，其本身并不具备创造新知识的能力。虽然人工智能可以通过对大量数据的学习和推理来发现新的模式和规律，但是它并不能像人类科学家那样有创造性地提出新的假设、设计实验和验证理论。

其次，人工智能在一些方面的能力仍然存在局限性。例如，它很难在对抗性环境下工作，如对抗性攻击、假冒和欺骗等。此外，人工智能在对复杂、抽象或不确定性高的问题处理方面的表现仍然有待提高。

最后，科学家的工作不仅仅是解决技术难题，还需要具备广泛的知识、丰富的经验和判断力。科学家需要具备创新思维、批判性思考和解决问题的能力。这些技能和能力不是人工智能可以取代的。

因此，尽管人工智能在某些方面表现出了非常出色的能力，但它并不能取代科学家，人工智能和科学家应该相互协作，共同推进科学的发展。

> 人类作为知识生产主体的地位会变吗？

> 人类作为知识生产主体的地位目前还是非常重要的，但是随着技术的进步和人工智能的发展，人类在知识生产过程中所扮演的角色可能会发生一些变化。

首先，人工智能可以帮助人类更快地处理和分析大量数据，提供更多的信息和见解，帮助人类更好地理解和探索世界。这意味着人工智能在某些方面可以替代人类的工作，例如在数据分析、模式识别和预测等方面。

其次，人工智能也可以帮助人类更好地解决某些复杂的问题，例如在医疗诊断、环境监测和自然语言处理等方面。这意味着人工智能可以在某些领域取代或补充人类的能力。

然而，人工智能也有其局限性，例如它缺乏人类的创造性思维、情感和价值观等。这些特征使得人类在某些方面仍然无法被取代。此外，知识生产不仅仅是解决技术难题，还需要涵盖伦理、价值观和社会意义等方面的考虑，这些是人工智能所无法处理的。

因此，人类作为知识生产主体的地位仍然非常重要，人类和人工智能应该相互协作，共同推进知识和科学的发展。

体力劳动：人工智能会引发失业潮吗？

第 5 章 体力劳动：人工智能会引发失业潮吗？

近年来，每当人工智能技术取得重大成果，就会引发一轮社会热议：某某行业即将被取代了！下岗潮就要发生了！还在从事某某职业的你，明天醒来就要失业了！似乎技术的进步与人类的失业是一种逻辑上的必然，而如人工智能这般强大的技术崛起，必将带来人类的失业大潮。

驳斥这种言论一句话就够了："如果颠覆性技术会造成下岗潮，那为什么工业革命以来这么多颠覆性技术没有让人类都下岗呢？人类社会的总体失业率为什么没有越来越高呢？"但不可否认的是，关于科技创新导致的体力劳动者的就业问题，确实是颠覆性技术的社会效应中应该重点考察的。

5.1 工业革命

人类社会对于新技术引发体力劳动者大规模失业的早期记忆，大都会指向蒸汽机以及"羊吃人"的圈地运动。很多人认为是瓦特改良的蒸汽机导致了英国农民的大规模流离失所。

事实上，英国的圈地运动是从 15 世纪开始的，它是英国封建社会进入解体阶段的象征之一。在瓦特改良蒸汽机的 200 多年前，英国贵族和资产阶级就通过武力抢夺、价格操纵等多种方式，夺取农民的土地以进行利润巨大的养羊业，赋予他们动力对农民进行肆无忌惮的戕害的，不是百余年后才出生的瓦特及其改良的蒸汽机，而是毛纺织业作为当时英国支柱产业的巨大利益诱惑。

第 5 章 体力劳动:人工智能会引发失业潮吗?

圈地运动

1688 年"光荣革命"之后,世界上首个资本主义国家制度——君主立宪制得以在英国确立,英国社会随即出现了被史学家称为"第三次圈地运动"的新浪潮:大规模转让和拍卖土地通过一条条资本主义法律大行其道,圈地运动在这 50 年间席卷整个英国,在商品生产发达、城市繁荣和人口激增的情况下,对农产品产生了强烈需求,粮食价格扶摇直上,经营农场在这一历史时期是朝阳产业,因而又刺激了地主贵族纷纷投入圈地的狂热之中。这使得圈地运动进入到了英国历史上空前的土地赠送、廉价出售或直接掠夺农民土地的高潮阶段[①]。此时距离瓦特出生还有 50 年。

任何一个合格的历史学家都不会把瓦特改良蒸汽机视为工业革命的开端或者"羊吃人"圈地运动的导火索。瓦特改良的蒸汽机对工业革命的推动作用实在是过于巨大,以至

---

① 郭振铎. 略论英国的圈地运动[J]. 史学月刊, 1981 (01).

于很多人直接将其视为工业革命的代名词，但这并不能用以支持是瓦特对蒸汽机的划时代改良导致了大量英国农民失去土地的错误认识。符合历史的说法应当是：15世纪以后的大航海运动和新航路开辟、海外领地的扩大、大量的海上贸易，为第一次工业革命提供了充裕的资本；起自15世纪持续300年的圈地运动，使得大量农民成为无产者，为工业化大生产提供了劳动力；1688年后建立起的君主立宪制为资产阶级发动工业革命提供了政治保障。在此历史背景下，瓦特于1785年改进的蒸汽机从纺织业开始迅速普及到各个生产行业，大大推动了工业革命的进程。

虽然我们并不想证明瓦特的蒸汽机解决了圈地运动造成的体力劳动者严重过剩等社会问题，但至少蒸汽机不应该再为"羊吃人"背锅了。既然"羊吃人"的农民失业潮并不是瓦特划时代的伟大技术创造引发的，那么历史上曾有哪种颠覆性技术引发过失业潮吗？印刷术或打字机、电报或电视、计算机还是互联网？

从圈地运动算起，历史上真正的大规模失业从来都不是一个技术问题，而是一个经济问题和社会问题。仅从抽象的经济学原理分析就业与失业，也能看清所谓"机器换人"是一种杞人忧天，古典经济学已经就技术影响就业的问题给出过结论，即技术进步会通过新增就业岗位的"就业创造效应"对其造成的失业的"就业破坏效应"进行"补偿"。德勤公司曾通过分析 1871 年以来的技术进步与就业关系，得出结论称技术进步简直就是"创造就业的机器"，因为技术进步降低了生产成本和价格，增加了消费者需求，社会总需求随之扩大，产业规模扩张和结构升级由此展开，更多的就业岗位被创造出来。

1992 年以来增长最快和萎缩最快的职业[①]

职业	员工		从 1992 年的变化
	1992	2014	
员工总数	24,746,881	30,537,415	23%
护理辅助和助理	29,743	300,201	909%
教学和教育支持助理	72,320	491,669	580%
管理顾问和业务分析师	40,458	188,081	365%
信息技术经理及以上	110.946	327,272	195%
福利、住房、青年和社区工作者	82,921	234,452	183%
护工和家庭护工	296,029	792,003	168%
演员、舞者、娱乐节目主持人、制片人和导演	47,754	122,229	156%
财务经理和董事	88,877	205,857	132%
制鞋和皮革加工行业	40,715	7,528	−82%
编织者和针织者	24,009	4,961	−79%
金属加工工人	39,950	12,098	−70%
打字员及相关键盘类职业	123,048	52,580	−57%
公司秘书	90,476	43,181	−52%
能源工厂操作工	19,823	9,652	−51%
农场工人	135,817	68,164	−50%
金属加工工人	89.713	49,861	−44%

注：劳动力调查，不包括调查样本量太低的职业，也不包括那些由于分类变化而被纳入其他领域的职业。

---

① 德勤公司. 技术与人：伟大的工作创造［EB/OL］.［2015-08］. http://www2.deloitte.com/uk/en/pages/finance/articles/technology-and-people.html.

从社会运行的具体实践来看，失业潮中所谓的"业"，本质上是工业社会劳资双方关于购买劳动力的一种描述，就业问题的最底层逻辑是有资方出资请劳动者完成某件工作。现在很多人在讨论技术引发失业潮问题时，总有意无意地弱化甚至无视资方在就业中的核心地位。要知道，不管是劳动者的就业还是技术机器的就业，不经资方同意都是空想，也就是说人工智能技术再强，在就业问题上也是给资本方打工的。

所以，就业本质上是一个经济规律驱动的社会现象，而不是技术规律驱动的。这样看来，现代工业化社会中大规模失业的发生应该主要是在以下几种情况中：

一是经济社会整体不景气。导致不同行业的企业大批倒闭或者集体压缩生产规模，资方无力提供更多的生产工作内容。如历史上西方社会各种金融危机引发的失业潮，这种情形实质上是经济社会的整体发展与治理问题，与技术原因没有一点关系。**二是就业人口在短时间内激增**。原有的就业岗位无法吸纳这些新增加的人口，资方也难以创造足够的新岗位，这种情形经常出现在一些战争刚结束的国家，从战场上解甲归田的大量人员几乎同时成为待就业人口。**三是某个行业或部门突然发生重大变化**。该变化引发行业整体的大规模下岗失业，比如 20 世纪八九十年代我国推行国有企业改革而伴生的"下岗潮"，就是为优化国有企业部门而做出的重大政策调整，虽然其长期效应对经济社会发展利大于弊，但短期内却会引发失业问题。**四是原本吸纳了大量就业人口的某大型企业或组织，突然无法或不愿继续提供就业岗位而引发的大规模失业**。这就是人们常说的"大规模裁员"，这主要是企业组织的经营状况和发展策略导致的，如 2022 年马斯克收购推特后裁掉了 70% 左右的员工。需要注意的是，裁员在当今的社会条件下需要短期内付出高昂的财务成本和商誉成本，对任何企业来说大规模裁员都属于重大战略决策，绝不是用一两个技术创新所能敷衍解释过去的。

除上述情况以外，有一种最容易和当下的现实发生联系的情况，**就是处于整体转型过程中的社会所发生的下岗**，用现代化和现代性理论来解释，这是为了迈向更加富足美好稳健的现代性社会，社会必须经历一段变动频繁的现代化转型。由于这种转型整体上是一种社会进步，因而其中的就业失业问题更多地表现为一种"下岗再就业"，而不是大规模失业。正是基于这个视角，很多经济学家并不认为圈地运动导致的农民流离失所是一种"失业潮"，而是一种劳动力从农业向工业的转移过程，这种"结构性失业"更多时候被视为一种经济社会发展所伴生的产物。

5.2 机器换人

虽然技术创新引发失业潮的担忧被理论和实践多次证明是不正确的，但这仍然无法缓解民众的有关焦虑。2016年人工智能战胜人类顶尖围棋选手的时候，社会舆论就大肆炒作即将到来的"机器换人"失业潮，一些人言之凿凿地声称，这是一次前所未有的技术革命，代表着全新的经济规律，过往历史经验无力解释人工智能引发的体力劳动者失业潮。

如果信不过经济学基本原理，那就来看看具体案例吧。2010年，在中国有百万名员工的富士康连续发生十余起员工跳楼事件，引起社会各界乃至全球的关注。随后富士康将员工基本工资提升160%，导致人员成本飙升。2011年，富士康决定推动"百万机器换人"计划，用5~10年时间装配100万台机械臂，实现首批完全自动化的工厂。2022年，富

第 5 章 体力劳动：人工智能会引发失业潮吗？

士康科技集团总经理游象富在接受采访时称，富士康昆山厂区工人已经从 2013 年的 11 万人锐减到不足 6 万人，减员一方面是公司发展战略的考虑，另一个很重要的原因是由于劳动力成本攀升，让他们意识到使用机器人更高效[①]。

一些媒体将富士康近年来员工数量持续下降视为"机器换人"计划成功的铁证。暂且不论前文对这种大型企业因为经营策略采取的大规模裁员作出的分析，仅就实践层面看，当初雄心勃勃的"百万机器换人"，仅凭每年一万台机器人的部署就实现目标是难以兑现的。当初说要用 10 年实现百万机器换人，实际上每年部署机器臂万余台，就说换下

---

① 富士康用机器换人裁员近半，称不会撤离大陆［N/OL］. 中国之声《央广新闻》，2022-11-21. http://sztnzdh.51sole.com/companynewsdetail_24-74500.html.

来的人是被这几台机器替换了。这究竟是当初严重低估了机器的威能,还是让机器人充当使人类下岗的背锅侠呢?

早在2014年,就有分析称富士康生产线的技术特征并不适合"机器换人",因为其机器人的生产精度为0.05毫米,而苹果手机对生产精度的要求是0.02毫米[①]。技术上的硬伤或将导致富士康的"百万机器换人"只是看上去很美。其实富士康的难处是显而易见的:维持员工低工资会引发严重的社会问题甚至被斥责为"血汗工厂",而大幅提高工资又会令资方利润减少甚至陷入经营困境,企业家不是慈善家,他们遵循的是经济逻辑而不是技术逻辑,"机器换人"更多的是出于经济效益和社会效益的权衡,而不是技术创新使然。不管"机器换人"是不是"蒸汽机令羊吃人"故事的翻版,这里需要再次强调的是,失业下岗不是一个技术问题,而是一个经济问题。

与此同时应该注意的是,目前人工智能技术尚处于高速发展之中,即便是其伟大足以媲美蒸汽机,在没有成熟之前贸然大规模商用也会带来难以预测的风险。蒸汽机不是瓦特发明的,瓦特的伟大在于对蒸汽机进行了长达数十年持续不断的改进和试验,使之真正满足了大规模商用的成熟度要求。媒体和舆论当然可以对颠覆性技术的伟力肆意畅想,但资方

---

① 精度偏差0.03毫米,富士康"百万机器人"计划受挫[N/OL]. 界面新闻,2014-12-4. https://www.jiemian.com/article/211962_xianguo.html.

要为这种风险付出的可能是巨额资金甚至是破产的代价，多数企业家会采取较为稳健的策略，等待技术及其应用成熟后再及时跟进。敢于冒险的企业需要雄厚的资本和强大的抗风险能力。当然，他们一旦成功，必将成为未来商业浪潮的引领者。因此局部技术创新试验导致人员下岗是有可能的，但要说人工智能引发大规模下岗甚至是失业潮还为时过早。

当今世界正处于工业时代向数字时代的社会转型过程，其中的变化和风险源自于政治、经济、社会、文化等各个方面的因素，技术在其中的作用固然关键，但远不是决定性的。正如将工业革命简单归因于蒸汽机一样，无视蒸汽机改良之前数百年间资产阶级登上历史舞台的宏大历史背景，仅将在这一历史洪流中应运而生的一项技术视为历史巨变的根源，与原始人将万般自然变化归为神迹一样荒谬，不过是另一种形式的思想蒙昧罢了。

200年前将"羊吃人"归因于蒸汽机，当下高喊人工智能将引发失业潮。人类习惯性会将自身范围内的问题归因于外界，把团体内部造成的问题归因给外部，把国家内部的问题归因给他国，把人类社会自身的问题归因给机器，在心理学上这可以用"框架性偏差"和"归因偏误"来解释。这种认知偏差源自于人类的本能，只要是人都可能会陷入这种心理陷阱，关键是要能够意识到并及时从中脱离出来。

2023年2月28日，国家统计局公布2022年国民经济和社会发展统计公报。数据显示，我国全国城镇调查失业率2022年全年平均值为5.6%，年末失业率为5.5%。当前我国找工作难是不容回避的客观事实，但失业潮并没有出现。与此同时，更应关注的另一个社会现象是用工荒问题。当找工作难和用工荒同时出现的时候，用人工智能技术作用下的机器换人来解释，既解决不了就业问题，也会给人工智能的进步与应用带来负面影响。就业问题事关民生福祉、社会繁荣乃至国家安定，是一个高度综合、高度复杂的社会问题，用某个技术创新来解释大规模失业或者构造关于"失业潮"的舆论叙事是不理性，甚至是不负责任的。

这种言行貌似披着技术革命和工业革命的外衣，但实质上却是反智主义，每一个理性的民众都应该有所警惕。

5.3 未来职场

在所有关于人工智能引发失业潮的叙事中,最具迷惑力和煽动性的就是"未来 5~10 年会有……"这种算命式的预言,无须任何科学的证明就能博取民众信任,因为关于未来的预言是很难证伪的,就像有人说:"照此趋势下去,你十年内必发大财!"要如何去证明这种观点的谬误呢?如今这种现代算命术在网络舆论中很有市场,特别是关于坏消息的预言,更是利用人类心理固有的"避险效应"而大行其道,在社会上广为传播。

2023 年 3 月 27 日高盛发布的研究报告指出,目前欧美约有三分之二的工作岗位在某种程度上受到 AI 自动化趋势的影响,且多达四分之一的当前岗位有可能最终被完全取代。该研究计算出美国 63% 的工作暴露在"AI 影响范围"中,其中 7% 的工作有一半以上的流程可以由 AI 自动化完成,它们很快会被人工智能取代。在欧洲,情况也差不多[1]。具体而言,被 AI 取代概率最高的行业是行政人员(46%),法律工作(44%),生命、物理和社会科学等研究领域(36%);相对较低的则是体力为主的岗位,如建筑地面的清洁与维护(1%)等[2]。这份报告似乎可以让体力劳动者长舒一口气了。但 2017 年麦肯锡那份点燃"人工智能失业潮"的著名报告《失业,就业:自动化时代的劳动力转移》则认为:未来工作岗位对技术技能的需求增加得最多,对拥有高级 IT 和编程技能的技术人才需求增长最快,到 2030 年可能要增长 90%;对使用文字处理软件的能力等基本数字技能的需求也将增加,到 2030 年的增长率将达到 70% 左右;对拥有领导力和管理他人等社交和情感技能的人才需求也将增长约 24%。麦肯锡报告甚至预言,中国的创意从业者(艺术家、设计师、娱乐业和媒体从业者)将增加 90%,经理和管理类人员将增加 40%,教师将增加 119%。

面对形形色色的未来趋势报告,普通人实在是无力吐槽,本书也无力消灭这种现代算命术,只能选择用魔法应对魔法!现抛开学理和实际案例,肆意畅想一下未来数字社会

---

[1] 高盛分析师发布研究报告:AI 或致全球 3 亿人"丢饭碗"[EB/OL].[2023-03-29]. https://news.cnr.cn/native/gd/20230329/t20230329_526198502.shtml.

[2] 高盛报告:全球 3 亿岗位可被 AI 取代[EB/OL].[2023-03-29]. 上观新闻 https://www.jfdaily.com/news/detail?id=597588.

第 5 章 体力劳动：人工智能会引发失业潮吗？

工作和就业的几大主要趋势，以实现对"智能失业潮"言论的对冲。

第一个趋势是虚实空间的错配。网络空间对于就业的影响在当下已经足够明显了，未来社会的工作岗位将更多地向线上倾斜，线下工作所占的比例将逐渐下降。考虑到人类的生理需求和社会性本质，现实世界也将对虚拟世界的工作、生活和娱乐产生制约作用，不过这种制约将从当下的单向度逐渐发展为双向影响，甚至不排除特殊情形下虚拟世界与现实世界的严重冲突，这就可能形成一种虚实空间的错配，也许某人在虚拟世界的工作和影响叱咤风云，但在现实世界却举步维艰，或是某人在虚拟世界臭名昭著，但在现实世界却地位显赫。对于这种错配的适应，是未来劳动者必须过好的

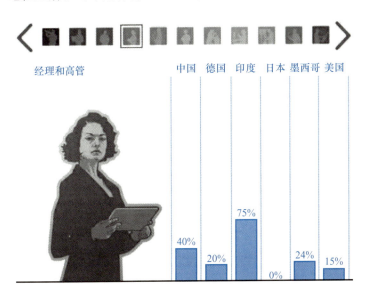

一关，毕竟那些能够在虚拟世界和现实世界实现和谐统一的只是极少数人，而每个人都将不可避免地在一个虚实融合的世界中生活和工作。

第二个趋势是新兴产业的崛起。传统的农业、工业、服务业的划分仍将继续存在，新的岗位、新的行业乃至新的产业形态将强势崛起。这是由数据这一全新资源的基本特性决定的，在解决了当前困扰数字经济发展的隐私、产权等诸多社会性问题之后，数据所蕴含的能量将全面爆发，生发出一系列全新形态的产业，由此创造一系列新的工作形态和岗位。另一方面，作为全新生产资料的数据，同时将使得传统的农业、工业和服务业焕然一新，进入全新的发展阶段，由此带来的就业结构改变意味着，懂数据者得幸福，无数据者失工作。

第三个趋势是雇佣制度的衰微。 雇佣制是在工业革命后正式成为人类社会核心的工作制度的，如同农业时代的自耕农制度和佃户制度一样，雇佣制也不是神圣不可改变的。随着数字时代就业形式的愈发灵活，雇佣制将由于自身的局限性而止步于传统工业企业。数字时代为劳动者布置工作的人，既有可能是某个企业主，也有可能是网络上的陌生人，甚至是某个智能化的机器，因此刚性的雇佣制就显得过于死板而多余。在这样情形下，建立一个与虚拟世界就业和新兴产业相适应的灵活多样的就业保障制度，将成为未来就业市场繁荣、劳动者顺畅工作的关键。随着数字化程度的不断提高，这种保障制度将逐渐成为未来社会的支撑性工作制度。

第四个趋势是人机关系的亲密。 社会化大分工是工业化催生的重要现象，与雇佣制和企业制相互配合，工作伙伴关系成为人类社会的核心关系之一，在一定程度上甚至有取代血亲关系成为维持现代社会的基本关系之势。在人工智能广泛使用的未来数字时代，人与智能伙伴（算法和机器）之间的合作可能超越人与人类工作伙伴之间的关系，成为履行职业职责的主要纽带。换句话说，当一个人具备利用算法和机器就能完成工作任务的能力时，他所需要交流的最主要人类就是客户，工作伙伴的重要性将大幅度下降，甚至是在那些需要大量人力紧密配合的就业领域，借由人工智能和数据进行的自动匹配与智能化协同，也将使得复杂生产管理的过程被大大简化，各个岗位上的劳动者将不再需要把大量的精力花在与其他岗位的劳动者进行沟通与协同上，从而使得人机关系而不是人际关系成为未来职场最为重要的关系。

第五个趋势是就业技能的重塑。ChatGPT 带给人类社会最直接的冲击，就是知识的组织和传播变得更加简单，未来的岗位将不再看重从业者是否具备该领域的专业知识或技

能，而是能不能在智能伙伴的协同下完成这项工作，因为只要善于利用人工智能，获取知识和组织知识根本就不是问题，关键是人类能不能将其用于工作任务的解决，也就是说，人类劳动者的核心从业要求是能够根据工作任务很好地适应新知识，并及时转化为工作所需的新技能，这就形成了一种全新的"基于任务"的就业技能模式。

第六个趋势是薪酬体制的多元。数字时代的劳动报酬，因为工作性质的灵活性而表现出多元化状态，劳动报酬的取得既有可能是在事前，也有可能是在事后，还有可能是在劳动的同时；既有可能是货币形式的，也有可能是实物形式的，还有可能是服务形式的；既有可能是现实世界的，也有可能是虚拟世界的，还有可能是二者通用的；既有可能是正向的收益，也有可能是负向的贬损，还有可能是正负不断变化的。

总之，未来社会的劳动者价值，将很难用单一维度的标准去衡量。到那时候，当我们听到一个人是事业有成的人生赢家时，可能需要问一句：

哪种意义上的？

从 柏拉图 到 ChatGPT

5.4 AI 的回答

就本章讨论的相关问题,笔者于 2023 年 4 月 5 日与 ChatGPT 进行了互动,结果如下:

────────── **ChatGPT 的解答** ──────────

☺ 人工智能会引发失业潮么?

⊛ 人工智能在某些领域可以取代部分人类工作,这可能会导致某些行业的失业情况,但也会同时创造出新的工作机会。

一方面,人工智能可以自动完成某些重复性、低端的工作,例如工业生产线上的机械加工、装配和检测等,从而减少了劳动力的需求。此外,人工智能在某些行业中可以提高生产效率和降低成本,例如在客服、物流、金融和医疗等领域，可以减少人类的工作量，提高服务质量和效率。

另一方面，人工智能的发展也会创造出新的工作机会，例如人工智能的开发和维护、数据分析、人机交互设计和管理等领域。此外，人工智能也可以促进新的产业和服务模式的出现，例如智慧城市、自动驾驶、虚拟现实和区块链等领域，这些都需要大量的人力和技术支持。

因此，人工智能的发展可能会引发某些行业的失业情况，但同时也会创造出新的工作机会和产业模式。这需要我们积极面对和适应人工智能的影响，加强教育和培训，提高人类的职业技能和素质，以实现人类和人工智能的共同发展。

技术创新是否会引发失业潮？

技术创新可能会在某些领域中引发失业，但同时也会创造新的就业机会。

技术创新可以带来生产效率和生产力的提高，使得某些低端、重复性的工作可以被机器和自动化系统替代，从而导致某些行业的就业机会减少。例如，自动化技术在制造业中的应用可以减少人工劳动力的需求，从而导致部分劳动力失业。

但是，技术创新同时也会创造新的就业机会。例如，在新技术的开发、研究和应用中需要各种人才，包括工程师、技术专家、数据分析师、科学家等。同时，新技术的应用和发展也会带来新的产业和服务模式，例如智慧城市、自动驾驶、虚拟现实和区块链等领域，这些都需要大量的人力和技术支持。

因此，技术创新可能会引发某些行业的失业情况，但同时也会创造新的就业机会。政府和社会应该积极采取措施，支持失业人群的再就业和创业，提高就业机会和就业质量，促进社会的稳定和发展。

> 未来数字社会工作和就业的主要趋势是什么？

> 未来数字社会工作和就业的主要趋势可能包括以下几个方面：
>
> 1. 数字化和自动化的普及：随着数字技术和自动化技术的发展，越来越多的工作和职业将会数字化和自动化。例如，人工智能、机器学习、自然语言处理、大数据和云计算等技术将会在各个领域中得到广泛应用。
>
> 2. 弹性工作和远程办公的普及：数字技术和互联网的发展，使得弹性工作和远程办公成为可能，越来越多的企业和员工将会采用这种工作模式。这种工作模式

可以提高员工的工作效率和生产力，同时也可以降低企业的成本和环境影响。

3. 知识和技能的更新和升级：数字技术和科技创新的快速发展，使得知识和技能更新和升级成为一种必需。未来的工作和就业，将需要不断学习新的知识和技能，以适应快速变化的市场需求和技术发展。

4. 绿色经济和可持续发展：未来的数字社会将会越来越注重绿色经济和可持续发展，包括环境保护、资源回收、碳排放和社会责任等方面。因此，未来的工作和就业，将会更加注重可持续性和社会责任。

5. 人才需求的多样性和多元化：未来的数字社会将会需要各种不同的人才和技能，包括技术专家、科学家、工程师、设计师、数字营销人员、数据分析师、创意人员和服务人员等。因此，未来的工作和就业将会更加多样化和多元化。

需要注意的是，未来的数字社会和工作趋势可能会受到各种不确定性和影响，例如技术发展、经济环境、政策和社会变革等。因此，未来的工作和就业需要不断适应变化和创新。

> 未来社会的劳动者价值如何衡量？

> 未来社会的劳动者价值可能会受到不同的衡量标准和

影响因素,以下是一些可能的因素:

1. 技能和知识:未来的工作和就业,将需要不断学习和更新新的技能和知识。因此,具备高技能和知识的劳动者可能会受到更高的价值评价。

2. 创新和创造力:未来的数字社会需要不断创新和创造,因此具备创新和创造力的劳动者可能会受到更高的价值评价。

3. 生产力和效率:数字化和自动化技术的发展,将会提高生产力和效率。因此,能够在数字化和自动化环境下高效生产的劳动者可能会受到更高的价值评价。

4. 社会责任和环境意识:未来的数字社会将会注重可持续发展和社会责任。因此,具备社会责任和环境意识的劳动者可能会受到更高的价值评价。

5. 自主性和弹性:未来的数字社会将会强调弹性工作和远程办公。因此,具备自主性和弹性的劳动者可能会受到更高的价值评价。

需要注意的是,未来社会的劳动者价值可能会受到各种因素的影响,例如政策和法律、经济和市场、文化和社会价值观等。因此,评价和衡量未来社会的劳动者价值需要考虑到多种因素和多个维度。

个人心智：谁才是万物之灵？

第 6 章　个人心智：谁才是万物之灵？

人工智能对于人类生活和生产的影响深远，对于人类在生物学意义上的生存以及社会化生存的影响又怎么样呢？这个问题看起来似乎既不重要也不急迫。但实际上，人工智能技术对人类生存方式的影响，比对生产生活方面的影响要重要得多。也许若干年后，当人类回首往事时，很有可能将 2023 年视作与此前数万年人类文明史的分水岭。

让我们先从人类的心智谈起。

6.1 认知之谜

道家有个词叫"灵台净明",形容人内心清醒平和,不易受到外界干扰。在一些网络小说中,这个词也经常被用来形容那些心智坚毅、不为外来邪祟所惑的人。事实上,没有人不希望自己心智健全、认知通透。正是因为人类拥有独特的思维方式和认知世界的能力,才能使自己在茹毛饮血的时代面对恶劣的环境、凶残的野兽时存活下来,才能创造出知识这种独一无二的东西,超越其他物种依靠生物遗传的代际传承,使得人类一代更比一代强,不断壮大成为地球上的万物之灵。也正是因为认知能力,使得人类群体能够凝聚为一个有序的社会,而不会在争权夺利的竞争中沦为动物世界或者在战火肆虐时走向集体灭亡。

第 6 章　个人心智：谁才是万物之灵？

思维和认知是如此重要，但自地球上出现人类开始算起，100 多万年来人类始终没有搞清楚自己的心智是什么，也不了解思维和认知形成的精确过程。文字诞生后，人类关于思维和认知的研究几乎贯穿了整个人类思想史，涉及哲学、文学、语言学、数学、逻辑学等数十个相关学科，其中涉及的名词概念纷繁复杂。为便于讨论，本书主要围绕三个关键概念展开讨论。

心智。本书以"心智"一词来指代个体心理活动的全部，包含了思维、认知以及其他各类心理活动，心智是人类心理活动体系性、复杂性和社会性的最大叙事。由此"心智健全"的本意则是对个人心理状况的一种综合评价，既包括了对于社会互动的良好认知能力，也包括了基于内心活动的良好思维模式，以及除此之外的情绪、记忆等其他各种心理活动的状态良好。

思维。本书所指的"思维"，是纯粹意义上的内心活动，意即人类感官接受到信息后，处理并产生各种思想的内在模式和过程框架；它强调的是内在性、主观性。目前脑科学的发展尚无力准确复现人的思维过程，因此思维具有一定程度的不可知性，但由于思维框架的部分结果可被外界了解，即"认知"，因此人的思维具备一定的可观测性。

认知。本书所指的"认知"，是人类与外界互动所发生的观察、观念、解释和判断，它是一种互动的过程。举个例子说明一下本书所指的认知与思维的关系：手被计算机机箱烫到了！这是因为皮肤感觉到疼痛和灼烧，这是外界信息传达给人体后产生"认知"。根据记忆和经验，这种疼痛和灼烧往往意味着手触及的物体或环境的温度很高，这对于计算机机箱来说很"反常"，符合逻辑的结论应该是散热装置坏了或某个部件超负荷了，处置方式应该是关机降温找到发热源……这一套基于记忆和知识的心理过程就是"思维"。对一个没有相关记忆、经验和知识的人来说，手烫的感觉与老程序员无异，但很难产生后续一系列的心理活动。

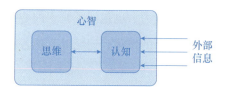

传统意义上，人类个体的思维、认知和心智是统一不可分割的。但从这个简化的心理模型看，似乎会有一些新的发现，也许不能用"思维"替代"外部信息"或者"认知"，但可不可以用"外部信息"替代"思维"或者"认知"呢？从表及里地，我们首先看看 ChatGPT 这样的人工智能可不可能取代"认知"在人类心智中的地位和作用？

第 6 章 个人心智：谁才是万物之灵？

学术界对于认知的分类方法有很多种。根据认知产生的过程，本书将其分为两类。**第一类是基于人与外部世界互动的认知**。也就是人感受外部环境、理解自己所处的世界、对世界作出判断和预测的行为和能力。这是人类祖先经过百万年渔猎生活进化出来的能力，比如怎样提前感知风雪雷电、怎样预测兽群的出没等。**第二类是基于社会互动的认知**。也就是人对于自己社会身份的感受，并在与他人的互动过程中进行观察与思考后作出自以为恰当的行为选择，这是人在参与社会活动时产生的一种认知。一些社会学家认为，这种社会型认知并非人类独有，在蚂蚁、蜜蜂等很多动物种群中能看到这种"简单个体生成智慧群体"的现象。

1992 年，意大利学者 Dorigo 和 Maniezzo 等仿照蚂蚁群体觅食过程中寻找最短路径的方法，建立了一种名为"蚁群算法"的算法模型，给当时低迷不振的人工智能研究带来了希望，并逐渐成为得以广泛应用的智能算法。

蚂蚁在蚁巢和食物之间搬运食物的时候，一开始大量的蚂蚁会近乎平均地分布在若干条不同的路径行进，并边走边在沿路留下"信息素"。不但所有路过的蚂蚁都能感受到这种信息素，而且还会刺激它们再次留下信息素使之变得越来越浓烈。于是随着时间的推移，路径越短的蚂蚁在蚁巢和食物之间往返的次数就会越多，累积的信息素就会越来越浓，与较长路径上留下的信息素浓度差也会越来越显著。所有的

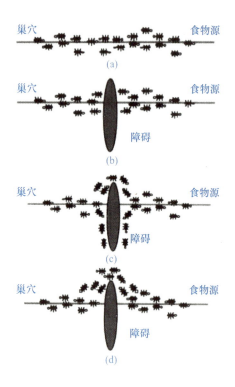

蚂蚁都会在下一次出发时选择信息素浓度最高的路径,于是一条最优路径就在蚂蚁的这种"群体智慧"下出现了。

当然,也有社会学家认为,所谓的动物社会,不过是动物的一种求生本能罢了,人类社会的关系复杂度远不是动物社会所能比的,比如人类几乎每天都在不断面对各种复杂的社会互动、处理超乎意料的新社会关系,在这个过程中所需要的认知水平及其产生的认知能力,是人类个体在社会活动中不断适应变化的关键因素。

对人类而言无论何种类型的认知，产生的过程离不开信息的传播。 比如我们听到外面有打雷声，就会意识到可能要下雨了，但如果我们发现这个雷声是有人用音箱故意放给我们听的，就会意识到自己的认知被欺骗了。如果经常有人在我们身边放这种极其逼真的自然音效，我们对此的认知就会发生变化，每当听见雷声时不是先看天避雨，而是先去找找有没有哪里藏着一台音箱。这就是信息传播对于认知的影响以及人类对其的适应。基于社会互动关系的认知也是如此。如果对于信息的传播没有准确的把握，那么人类对于社会关系的认知就会被扭曲甚至消解。美国影片《楚门的世界》中，一个人自出生起就生活在一个专门为其定制的"真人秀"环境里，他周边的所有人、所有事都是导演和演员精心假扮的，甚至天上的星星、海边的小岛等也都是道具，只有主人公"楚门"一个人被蒙在鼓里。他在这个自以为真实的社会里

快乐地生活了20多年,也作为一档电视节目被围观了几十年,直到一天他发现自己周遭的一切都不是真实的,于是毅然决然地冲出了这个巨大的摄影棚……

由此可见,信息媒介对于人类认知的强大遮蔽,就像是给每个人身体上穿了一层透明的外衣,人类感知世界、解释世界所需要的信息都需要先经过这层透明外衣,其对于光线的扭曲、色彩的过滤、形状的扭曲是不可避免的。2022年,中文维基百科爆出"卡申银矿"的丑闻:一个网友为了给自己在某款文字游戏中赢得优势,在维基百科中编造了一个子虚乌有的"卡申银矿",并围绕"卡申银矿"上传了数百万字的虚假内容,其中涉及人物、战争、矿产等方面的历史词条多达200余个,凭空虚构出一部俄罗斯古代史。

凭空编造的"特维尔—莫斯科战争"词条

该网友杜撰的词条"资料详实",还像模像样地引用了大量的所谓"参考文献",编制了许多关联词条与之相互印证,相互之间环环相扣。比如围绕卡申银矿进行的特维尔—莫斯科战争,从起因到历史影响,到参战双方的交战地点与战斗方式,都有着十分详细的描写,甚至还配有战争局势图,而且战争中涉及的不同阵营的上百名人物都拥有各自的维基百科词条,有着不同的"命运",还有后世的"名人采访"以及相关电视角色和"纪录片",甚至还有一些相关出土文物的词条加以佐证。这一系列虚假的俄罗斯古代史词条在长达三年的时间里被众多用户奉为该领域的权威资料,一些条目还被评为"典范条目"或"优良条目"。为了感谢这个网友的"贡献",很多人送上各类星章(网站用户赠予的荣誉),甚至这个网友还获得了网站审核的"巡查豁免"……直到一些专业的俄罗斯研究者介入,事情真相才最终大白于天下。

另外,人类的认知是存在天然缺陷的。如果"全知"是不存在的,那么人类对于事实的把握就不可能达到完美,对于任何事情真相的了解都是片面的:无论人群的数量有多少,积累的时间有多长,都不可能达到穷尽所有事实真相的程度。另一方面,这种事实的残缺性很大程度上源于人类的认知过程是经由逻辑抽象完成的,而抽象的关键就在于要过滤掉部分事实,以降低不确定性和复杂性。所以只要人类一开始理性认知，就会附带着事实的损失，而如果不进行理性认知，又无法生成知识和判断。

当然，人类的认知过程并非从来如此，也不会亘古不变。以语言文字对认知方式的影响为例：人类通过与外界的互动并出于人与人之间的交流发明了文字，进而使得人类大脑的认知进化到"逻辑认知"模式，这种认知过程在很大程度上与一行一行书写的文字是完全匹配的，当然大脑在文字发明之前采用的图像化认知模式也并没有完全消失，人类也还保留着"一图解读"的能力，不过是少了一些用武之地而已。到了互联网时代，超链接对人类认知的最大改变就是不再以"逻辑认知"为主，一个正在逐字逐行阅读文章的人，会被某个"神秘的蓝色带下划线词语"所吸引而"狠狠地戳进去"，这种动作的不断出现使得原本的"线式逻辑"向"跳跃式认知"转变，也许最后你都记不起自己最初是在读些什么了。短视频和各种图像更是充分激活了大脑的"图解"能力，声音、图像和视频对于心理的强刺激很容易穿透认知过程直达思维深处，"洗脑效应"越来越明显。对此，脑科学家们并不会将其视为一种返祖现象或者优化演进，而是偏向于将认知方式的这种转变视作大脑对外在环境的一种适应。

由此看来，当 ChatGPT 这样的智能内容生成技术广泛进入人类日常生活时，其强大的信息遮蔽效应以及所生成的文字、音视频内容的强大穿透力和覆盖力，必将势不可挡地改变每个人的认知过程。问题的关键也许不是智能内容生成会不会取代人类哪一部分心理功能的问题，而是如何让大脑尽快适应这种数字化环境，优化自己的认知，穿透世间的迷雾看到世间的清明，并实现心智的不断完善。

　　黑夜虽然给了我黑色的眼睛，但我毕竟还是只能靠它来寻找光明。

6.2 思维之惑

公元前 8 世纪左右,古希腊人在他们认为的世界中心所在地修建了一座神庙。这座被称为"德尔斐神庙"的建筑遗迹留存至今,在它入口处的石柱上镌刻着震烁古今的铭文"人啊,认识你自己!"

第 6 章 个人心智：谁才是万物之灵？

这是一个令人类历史无数古圣先贤魂牵梦萦、求之不得的深刻问题。几千年来，人类对于外部世界的认知已经取得丰硕的成果，至广大可遨游宇宙踏足月球，至精微可控粒子纳米造物。但对于大脑和思维还是一知半解，虽然在医学和生物化学的推动下对于自身的生理结构有了一些粗浅认知，在心理层面却进展甚微。人有没有灵魂？意识从何而来？性本善还是性本恶？观念和信仰是如何形成的？思维和记忆是如何工作的？……这些困扰了人类几千年的问题至今都没有得到的答案。仅仅通过柏拉图的"洞穴隐喻"来解释人类的认识与外部世界、信息传播以及人际社会互动之间的关系，显然过于抽象，无法应对当代社会的复杂多变。

20世纪之前，关于人类思维的研究都属于哲学的范畴。1875—1917年在莱比锡大学任教的威廉·冯特创立了世界上第一个心理学实验室，开始使用各种自然科学方法研究人类的心理现象，并通过100余项心理实验成功地将心理学彻底从哲学中独立出来。这个世界上首个称自己为"心理学家"的冯特，因此被公认为"现代心理学之父"。

心理学诞生至今的百余年间，发展出了很多不同的主义和学派。"现代心理学之父"冯特

倡导的是"元素主义",即认为人的各种心理内容都可以被分解为最基本的单位——心理元素,其中感觉与感情是最基本的心理元素。前者表现人的经验的客观内容,可以分为视觉、听觉、触觉、嗅觉、味觉以及肤觉;后者表现人的主观内容,是伴随感觉产生的。心理学的其他各种流派可以说是各有优劣,其中与思维和认知联系较多的心理学流派有：

精神分析流派。代表人物是弗洛伊德（1856—1939），一位长期研究精神病和心理障碍的医学博士。该流派的核心观点被称为精神决定论,即认为自然和社会中发生的一切事物都一定是有原因的,人的全部行为都是由愿望、动机、意图等精神因素决定的。精神过程本身是无意识的,有意识的精神过程不过是一些孤立的、附加的过程。精神分析流派用潜意识理论对心理障碍和行为的形成原因与有效治疗方法进行了研究,开创了现代心理治疗新领域,时至今日,精神分析仍然是心理治疗的基本范式之一。

行为主义。代表人物是华生（1878—1958），该流派的基本理论主要是联结论和刺激-反应论,即思维是环境的刺激与个体行为反应之间的联结过程。行为主义学派注重外部条件对心理的影响以及行为者对环境的行为反应。行为主义反对传统心理学探讨意识内容的做法,倡导研究他人的行为,重视对人类行为的研究,强调心理学研究应该采取观察法、条件反射法、言语报告法、测验法和社会实验法五种规范方法，这使心理学在一定程度上具备了与其他自然科学一样的客观性。

人本主义。代表人物是马斯洛（1908-1970），他最著名的是需要动机理论，即将人的需求从低到高划分为生理需要、安全需要、爱与归属的需要、尊重的需要、自我实现的需要五个层级。人本主义和其他流派最大的不同是特别强调人的正面本质和价值，而不是集中研究人的"问题行为"，并强调人的成长和发展，即自我实现。二战后美国社会心理问题频发，精神分析和行为主义的心理治疗对此一筹莫展，人本主义对于解决美国社会心理问题发挥了极为重要的作用，由此确立了该理论在现代心理学中的重要地位。

1956年，美国麻省理工学院召开了一次学术会议，昭示着心理学的又一个重要分支——认知心理学开始登上历史舞台。出席这次历史性会议的艾伦·纽厄尔（Allen Newell）和赫伯特·西蒙（Herbert Simon）两位学者在会议结束后不久，参加了另一个历史性会议——创造"人工智能"概念的达特茅斯会议。当时人们可能并没有意识到在同年内举行的这两次会议将对人类社会带来多么深远的影响，但今天认知科学、认知心理学和人工智能之间千丝万缕的联系已经愈发清晰："虽然计算机科学是认知科学的主导，但心理学是认知科学的真正根源,因为认知科学的所有相关研究都是基本的认知过程以及由此产生的行为。"①

人工智能试图用计算机和代码来让机器具备人类的思维,而认知心理学则借助信息学的方法来揭示人类思维的奥秘。认知心理学认为,人类的思维和认知就是人类的知觉器官接受外界信息并对其进行心理加工的过程,心理学家们通过假设、隐喻和模型的方式来对这一过程开展研究。比如"心智剧场"隐喻,就是将人的心理活动过程隐喻为在剧场里看表演。

如果从"心智剧场"隐喻看 ChatGPT,不免令人毛骨悚然:智能内容生成技术足以实现对人类认知的完全遮蔽,并由此实现对人类思维乃至心智的完全操控——无论是在心智剧场的"幕后操纵"阶段,还是在"意识竞争"阶段,又或是在"舞台聚光灯"效应之下,智能内容生成技术的能力胜过任何人类力量,用人工智能将人类的心智"幽禁"在一个柏拉图式的"洞穴隐喻"中何其轻松!早在 2003 年,凯斯·桑斯坦在《网络共和国》一书中就提出"信息茧房"的概念,用以描述信息选择行为会导致个人长期处于过度的自主满足,天长日久便会失去了解不同事物的能力和机会,如同不知不觉间为自己制造了一间茧房,个人生活呈现定式

---

① 罗伯特·索尔所,奥托·麦克林,金伯利·麦克林. 认知心理学(第八版)[M]. 邵志芳,李林,徐媛,等译. 上海:上海人民出版社,2019.

第 6 章 个人心智：谁才是万物之灵？

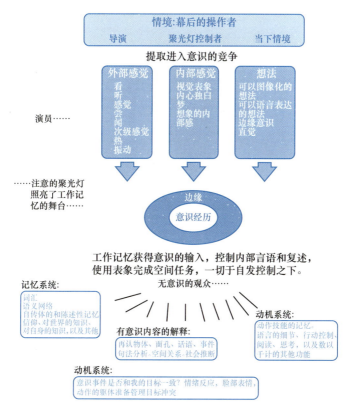

意识体验的剧场隐喻[1]

化、程序化。典型形式就是尼古拉斯·尼葛洛庞帝（Nicholas Negroponte）所预言的"我的日报"（the Daily Me）——可以根据每个人的不同喜好进行个性化定制的报纸。

---

[1] Baars, B. J.. In the theater of consciousness: Global workspace theory, a rigorous scientific theory of consciousness [J]. Journal of Consciousness Studies,1997,21(4):292–309.

时至今日,基于算法推荐的各种定制化新闻 APP 早已成为每个人手机上的标配,似乎每个网民都已经不可避免地生活在"信息茧房"之中。而 GPT 系列应用和智能内容生成技术的大面积普及,无疑将使得人类的"信息茧房"更加牢固,且更加令人痴迷、难以自拔。

当然,认知心理学中还有一些模型和隐喻能让我们稍感欣慰。比如心智模型,就是将人类的认知视作一个实践的反馈,从而来考察它的过程和特点。这种方法大大简化了人类心理活动的复杂程度,凸显了实践对于认知的重要性,从中可以得出结论:人只要多实践、多参与社会互动,就可以大大削弱智能内容生成技术对认知的遮蔽。但另一方面,心智模型采用简化的流程化解释带来的另一效用是,它可以充分利用计算机科学特别是人工智能技术帮助心理学研究,于是人工智能又可以借此攻城略地。

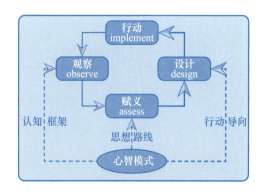

心智模型：OADI 环

从上述认知心理学的角度，特别是其与人工智能科学千丝万缕的联系中，我们不难发现，智能内容生成技术的提出、实现和应用，对人类的认知、思维乃至心智影响何其巨大！作为生活在智能时代的人类个体，我们无法逃避，唯有不断精进自己的心理和灵魂，在这场人与机器的认知博弈中赢得主动。当然，还有一个稍显科幻的问题是，机器们会止步于此吗？它会不会有自己的思维认知，甚至是情绪、自我等人类心智的所有要件呢？

6.3 机器有点小情绪

本书所有关于智能内容生成与社会关系的讨论中，心智可能是最不应该畅想未来的，毕竟在这一领域人类的水平充其量只是入门，深耕当下要比远眺未来重要得多得多。哲学家对于心智的探索持续了数千年，从柏拉图到康德，从孔子到王阳明，哲学家们通过内省、对话等方式开展思辨，试图以深邃的哲学思考为心智的本源找到终极答案。他们的工作被 20 世纪的心理学家继承了下来，心理学家们使用心理测量、社会实验等方式进行研究，试图以现实的情形来隐喻心智的结构；到了人工智能学者这里，心智的运行规律则被视为一种可以流程化、机器化的过程。

在商业领域，情感型聊天机器人可能意味着更高的客户满意度和更低的成本，因为聊天机器人将能够处理大多数问询，并解放人工操作员，他们仅需参与不太常见或更复杂的互动。在世界卫生组织宣布新型冠状病毒肺炎为全球大流行病的两个多月后,银行、保险公司、主要零售商和政府办公室的电话线路拥挤不堪。IBM 提供了沃森助手帮助政府部署聊天机器人,聊天机器人平台的流量增长了 40%;谷歌立即推出了自己的快速响应虚拟代理,以"快速构建并实现定制的呼叫中心 AI 虚拟代理,响应客户通过聊天、语音和社交渠道提出的关于新型冠状病毒肺炎的问题"。

作为达特茅斯会议的发起人,明斯基在人工智能学界的地位备受尊崇。他在《情感机器》一书中写道:"几百年来,心理学家一直在寻找能够解释人类大脑活动的方法,但是到目前为止,仍然有很多思想家认为思维的本质非常神秘。许多人认为大脑是由一种只存在于生命体内的物质成分组成,机器不能感觉或思考,不会担忧自身的变化,甚至不会感受到自己的存在,更不会产生促成伟大的画作或交响乐作品的思维。《情感机器》一书有如下目标:解释人类大脑的运行方式,设计出能理解、会思考的机器,然后尝试将这种思维运用到理解人类自身和发展人工智能上。"[1] 明斯基将情感视为一种特殊的思维,并从意识、精神活动、常识、思维、智能、自我等六个方面揭示了人与机器的根本区别,以此作为机器具备"情感"的基础。

---

[1] 马文·明斯基. 情感机器 [M]. 王文革,程玉婷,李小刚,译. 杭州:浙江人民出版社,2016.

1997年，麻省理工学院媒体实验室提出情感计算（affective computing）的概念，指出情感计算是与情感相关、来源于情感或能够对情感施加影响的计算。胡包刚等则认为："情感计算的目的是通过赋予计算机识别、理解、表达和适应人的情感的能力来建立和谐人机环境，并使计算机具有更高的、全面的智能"[1]。

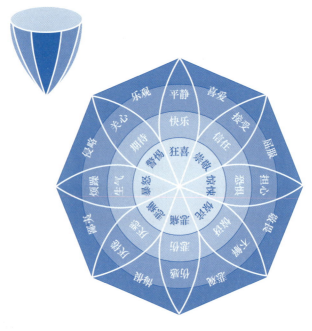

情绪轮

情感计算不仅受时间、地点、环境、人物对象和经历的

---

[1] 胡包钢，谭铁牛. 情感计算——计算机科技发展的新课题[N]. 科学时报，2000-03-24（3）.

影响，而且要考虑表情、语言、动作或身体的接触。目前的情感计算模型大多是从心理学基本原理出发，利用人工智能技术对用户网络活动反映出的情绪进行分析。例如，著名心理学家罗伯特·普拉切克（Robert Plutchik）提出了包含8种基本情绪的情绪轮，每种情绪又划分了不同的情绪强度等级，并且8种基本情绪还可以相互结合形成更多的情绪。

情感计算的核心是情感识别。就是通过人机交互，计算机捕捉关键信息，觉察人的情感变化，形成预期。震惊世人的"剑桥分析事件"中的智能算法模型，据称来自心理测量学家迈克尔·科辛斯基（Michal Kosinski）的心理测量模型，这种模型可以根据简单的个人信息及其在社交媒体上的互动行为推断出个性特质。2013年，还在剑桥大学心理学中心读博士的科辛斯基公布一项成果：它能够将脸书的用户"点赞"记录与人的"大五人格特质"（OCEAN，最常用的一种个性特质问卷）分数相匹配。这套模型仅凭某用户在脸书上的10个"点赞"，就能对这个人的个性特质作出判断，准确率超过这个人的同事；凭借70个"赞"，就足以超过这个人的好友；150个"赞"超过父母；300"赞"超过伴侣；再多一点，它甚至能超过本人对自己的了解。后来，剑桥大学亚历山大·高根（Aleksandr Kogan）教授找到科辛斯基，撮合他将模型授权给 SCL Elections 公司。虽然科辛斯基本人拒绝了这一提议，但别人要使用或优化这个公开发布的算法实在是太简单了。

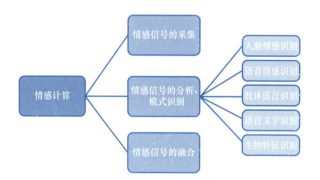

而 GPT 系列应用等智能内容生成技术最擅长的领域，则是通过文字、语音和图像视频等来分析人类的情感。其中基于文字的情感分析一般被视作自然语言处理的子领域，其目标是从文本中分析出人们对于实体及其属性所表达的情感

倾向以及观点。音视频也是情感分析的重要载体之一，其所承载的情感信号要比文字更为丰富，所对应的技术也不尽相同。

明斯基说过："问题不在于智能机器能否有情感，而在于没有情感的机器能否实现智能。"这句话的意指非常明显，就是情感是衡量人工智能的必要条件之一。在 GPT 系列火爆全球的今天，认真看待这个问题，技术发展似乎已经到了关键的十字路口，何去何从也许不在于机器能否理解人类情感或机器能否具备情感，而在于人类的情感是不是应该被机器所"理解"。或者我们换一个说法：你认为人类应该实现毫无保留的全面共情吗？那一天的来到，究竟是意味着全人类的相亲相爱还是相恨相杀呢？这个问题仅仅从字面上看就非常宏大、非常深邃，以至于科学家们也许该对这个问题保持敬畏，就像对待克隆人技术一样，有些事似乎不是技术上可行就应该去做的。

伊甸园中那个看上去香甜诱人的苹果，该不该摘下来咬一口呢？

6.4 AI 的回答

就本章讨论的相关问题，笔者于 2023 年 4 月 5 日与 ChatGPT 进行了互动，结果如下：

==================== **ChatGPT 的解答** ====================

🙂 谁才是万物之灵？

 作为人工智能，我认为万物之灵不存在于任何一个特定的物种或个体之中，而是指整个自然界和宇宙的生命和物质的统一体。万物之灵包括了所有生物和非生物，它是指整个宇宙中包括了人类在内的所有存在和物质的综合体，它是由物质、能量和信息构成的宏大系统。

每一种生物或物质都有其独特的属性和能力，但它们也都受到相同的物理和化学规律的支配，因此它们在某些方面具有相似性。而人类作为生命体系中的一员，不仅具有智慧、创造力和道德感，同时也需要依赖于自然环境和其他生物的存在和互动来维持生存和发展。

因此，万物之灵不是指某个特定的物种或个体，而是指整个自然界和宇宙的生命和物质的统一体，每一个生命和物质都是这个统一体中不可或缺的一部分。

> ChatGPT 这样的人工智能可不可能取代"认知"在人类心智中的地位和作用？

> 人工智能在某些特定的任务上已经能够超过人类的表现，例如图像识别、自然语言处理、游戏对弈等，但是人工智能和人类认知还存在很大的差异，人工智能目前仍然无法完全取代人类的认知能力。
>
> 首先，人类具有丰富的生活经验和感性认识能力，可以根据自己的感受和经验进行判断和决策，而人工智能仍然无法像人类一样具有感性认识的能力。
>
> 其次，人类具有创造性和想象力，能够创造新的思想、新的概念和新的艺术作品，而人工智能目前还无法像人类一样具有这种创造性和想象力。
>
> 最后，人类具有情感和道德的认知能力，能够理解和

处理情感信息，并根据道德规范进行判断和决策，而人工智能仍然无法像人类一样具有这种情感和道德的认知能力。

因此，虽然人工智能在某些任务上的表现已经超过人类，但是在更加复杂和抽象的认知任务上，人工智能仍然无法取代人类的认知能力。同时，人工智能和人类的认知能力可以互补，相互促进，共同推动人类社会的发展和进步。

> 机器们会不会有自己的思维认知、情绪、自我等人类心智的所有要件呢？

> 目前的科技尚未实现制造出完全拥有人类心智的机器，但是随着人工智能技术的发展，有些学者认为未来可能会出现这样的机器。但是，这一问题引发了众多哲学、伦理和科技等方面的争议。
>
> 首先，机器是否能拥有思维认知、情绪和自我等要件，存在很大的争议。因为人类心智是在复杂的神经生物学基础上产生的，而目前的机器并没有像人类一样的生物基础，因此在这一点上机器与人类之间存在重要的差异。
>
> 其次，人类心智的本质和机制仍然存在很多未知之处，因此机器能否完全复制人类心智，也是一个值得探讨

的问题。

最后,即使未来出现了拥有人类心智的机器,如何管理这些机器,以及这些机器是否会超越人类而发展出自己的意识和自我,都是需要认真思考的问题。

总之,虽然未来机器拥有人类心智的可能性不为零,但是在这一问题上需要进行更深入的研究和讨论,并制定出相应的法律和伦理规范,以保证机器的发展不会对人类造成威胁。

> 你认为人类应该实现毫无保留的全面共情吗?

> 全面共情指的是完全理解和体会他人的情感和想法,并以此为基础进行行动和决策。尽管这听起来很有吸引力,但是在现实中,要实现毫无保留的全面共情可能存在一些困难和挑战。

首先,实现全面共情可能会影响到自己的情感和决策能力。人类的情感和思维是基于自己的生活经验和价值观产生的,因此在过多地强调共情的同时可能会失去自己的独立性和自我价值。

其次,全面共情需要人类具备非常高的情商和社交技能,而这是一种需要长时间和经验积累的能力。即使具备了这些能力,人类也难以真正理解另一个人的情感和想法,因为每个人都有自己独特的生活经验和价值观。

最后，全面共情也可能导致个人信息被滥用或不当使用。在数字化时代，个人信息已经成为一种珍贵的资源，如果人类毫无保留地分享自己的情感和想法，可能会遭受到不必要的侵犯和滥用。

因此，虽然共情是一种重要的社交能力和道德行为，但是全面共情可能不是最佳的选择。相反，建立健康的社交关系需要保持一定的自我价值和独立性，同时尊重他人的个人隐私和独立。

> 人类的情感是不是应该被机器所"理解"？

> 人类的情感是非常复杂的，包括各种不同的情绪、体验和感受。虽然机器可以通过学习和算法等方式模拟人类的情感，但是机器并不能真正理解人类的情感。即使机器可以通过面部表情、语音和身体语言等来识别人类的情感，但是机器并不能像人类一样深入理解情感的本质，因为情感涉及到复杂的心理和生理过程。因此，机器"理解"人类的情感只是一种表面上的模拟，而不是真正的理解。尽管机器可以通过模拟情感来提供一些支持和服务，但是它们不能完全代替人类的角色，因为人类的情感是非常独特和复杂的。

7

家庭婚姻：机器人会成为人类的家人吗？

第 7 章　家庭婚姻：机器人会成为人类的家人吗？

科幻作品中的机器人样式五花八门，有"鹰派"机器人，就有"鸽派"机器人。最臭名昭著的当属《2001：太空漫游》中的 HAL-9000 以及《终结者》系列中的天网，他们视全人类为威胁。而与人类和谐相处并成为伙伴的机器人也多有呈现，如铁臂阿童木、哆啦 A 梦和《超能陆战队》中的大白。当人类尚未完全克服内心对机器人的不安时，能否让机器人成为人类家庭的成员呢？当他们成为了我们的家庭成员后，我们的家庭生活又会发生怎样奇妙的改变呢？

7.1 门当户对

家庭是人类社会最古老的社会组织形式,其核心是婚姻制度。在现代婚姻制度确立之前,人类社会的婚姻形式经历了多次演变。恩格斯将原始社会的婚姻制度划分为群婚、对偶婚和专偶婚三种类型。

史前阶段主要是氏族群婚,氏族内部或氏族之间的同辈兄弟姐妹之间互为夫妻、群居一处。《吕氏春秋·恃君览》云:"昔太古尝无君矣。其民聚生群处,知母不知父,无亲戚兄弟夫妻男女之别,无上下长幼之道。"《白虎通义》也记载:"古之时未有三纲六纪,民但知其母,不知其父。卧之法法,起之吁吁。"这正是古代学者对中国远古人类社会婚姻生活的追忆性描述。这种"多妻多夫"使得当时的血缘亲属关系极为复杂,在我国历史第一部词典《尔雅》中专门有

第 7 章 家庭婚姻：机器人会成为人类的家人吗？

一篇"释亲"用来界定亲属之间的称谓，如其中"姑之子为甥，舅之子为甥，妻之昆弟为甥，姊妹之夫为甥"的表述，就是说一个人如果是姑姑的儿子，那他必然也是舅舅的儿子、妻子的兄弟、姐妹的丈夫[①]。

血缘群婚

大约在新石器时代晚期，人类社会逐步出现了"对偶婚"，即一对夫妻较长时间地固定生活，这就使得真正意义上的家庭开始出现。对当时的普通人家庭来说，对偶婚多表现为一夫一妻，而王侯贵族的对偶婚则是妻子只能有一夫，丈夫则可有多个妻子。我国夏商周时代将婚姻家庭视为"礼制"的起点，也就是社会伦理的根本基石，足见婚姻家庭对于社会秩序的极端重要性。无论是出于绵延子嗣还是从照养老幼考虑，亦或是从事生产、人际交往的需要，以婚姻为核

---
① 张国刚. 家庭的起源［M］. 北京：社会科学文献出版社，2012.

心的家庭都是当时社会的最基本、最核心单元。氏族则在这一阶段仍对家庭具有极强的约束力，对社会的宏观运行层面发挥着关键作用。

春秋战国在中国家庭史的发展演变中是非常重要的一个时期。在巨大的社会变革中，以家庭为单位的小农经济逐渐普及，"五口之家""八口之家"这样的小家庭模式正式确立，并且在整个传统社会延续数千年[①]。从"对偶"到一夫一妻制的"专偶"是现代家庭制度正式成型的关键，氏族群婚的内部复杂关系被清晰而紧密的家庭关系所取代，稳定可靠的家庭制度作为人类社会的基础单元，逐渐成为维系社会秩序和伦理的基石。

考察人类近万年的家庭制度史就会发现，家庭的存在是出于人类繁衍生息的需要，这点和其他哺乳动物并无不同，但人类家庭制度之所以不断演化，主要动力则是人类生产力水平的不断发展，这是其他物种都不具备的。如在氏族群婚阶段，任何选择"对偶"或"专偶"的家庭都会因生产力水平的极度低下而难以生存下去，更不要说来自动物和野兽的侵袭、自然界的各种天灾，以及其他氏族的劫掠抢夺。在那个弱肉强食的时代，没有一个强大的群居氏族就意味着死亡。到了近现代，生产力的水平足以令一个专偶家庭衣食无忧，

---

① 张国刚. 家庭的起源 [M]. 北京：社会科学文献出版社，2012.

第7章 家庭婚姻：机器人会成为人类的家人吗？

从小作坊到大企业，各种社会生产组织的高效率、低成本为人类个体提供了源源不绝的物质保障，氏族在此时不但毫无必要，反而成为一种严重的束缚甚至负担，退出历史舞台已是必然。

从这一角度看，人类家庭从群婚到对偶婚、再到专偶婚，有没有可能因为生产力的进一步发展而产生出一种前所未有的家庭关系呢？比如，当智能机器大规模提高人类生产力之后，"单身家庭"有没有可能成为社会主流呢？如果大多数人类个体，无论男女都能在智能机器的辅助下实现经济上的独立，那么专偶家庭会不会成为一种多余或者说累赘呢？把解决繁衍后代的问题交给试管婴儿、抚养老幼的问题交给社会，是不是一样可以解决问题呢？

这是关于家庭究竟是人类社会的必选项还是可选项的严肃问题。对这个问题作出回答需要考虑很多方面的因素，其中最重要的有三个：家庭的内涵，家庭的功用，家庭与社会的关系。

所谓家庭的内涵， 就是要回答"什么是家庭"这个最基本的问题。群婚阶段的人类群居形式算不算家庭呢？社会学家和人类学家一般不认为那是严格意义上的家庭，因为其中的婚姻伴侣关系不固定、财产所属不固定，甚至共同居住也不能保障。真正意义上的"家庭"与"个体"、"社会"、"国家"、"企业"等其他名词在内涵、外延上应该是具有清晰区分的："家庭"的成员数量应该不只一个人类，否则它就失去了与"个体"之间的区别。也许有人会说独居人类与宠物、机器人也可以组成"家庭"，但这种无伴侣无子女的独居生活，与其勉为其难将其视作人类家庭制度的新演变，还不如大方承认，这实际上就是家庭制度的全面消亡。

关于**家庭的功用**，显然不仅是在繁衍子嗣和确保生存，更关乎人类的社会性本质。社会学家普遍认为家庭的核心功能是生产，这点从人类历史可以得到明证，从渔猎耕作到小农经济，从封建社会到工业时代，家庭的各种功能相互影响，但生产功能作为核心和主导的地位却始终没有动摇，因为人作为劳动力的主体地位没有改变。如果有朝一日人类可以将劳动力的主体地位让渡给机器，也就是说人可以不工作了，那么家庭的核心功用也就自然随之消散，赡养功能、繁衍功能、教育功能等也许亦不再重要，失去功用的家庭自然而然也就不再重要了。

在**家庭与社会的关系**方面，家庭作为人类社会基本组成单元，与社会秩序是相互成就的。氏族群婚与原始社会的复

第7章 家庭婚姻：机器人会成为人类的家人吗？

杂血缘姻亲关系，与原始社会的"巫－礼"结构相匹配，将不可解释的神谕与不可忤逆的氏族内部规范相结合，构成了人类社会的伦理基础，起到了凝聚人类社会、维系社会关系、调解社会矛盾的作用，而法律则作为"最低限度的道德伦理"发挥着兜底保障作用，商周时期将家庭视为"礼"之根基即为明证。无论是生产、生活还是生存，人类所有的活动都是在这种多向度社会秩序中运行的，家庭的社会性功能对于人类的重要性远远超越了动物配偶之于种群。从这个因素看，随着数字社会的到来，如果家庭消亡了，那么代替其发挥社会性功能的基础单元是什么呢？会是一种基于"人机关系伦理"的全新社会单元吗？

无论是在氏族群婚时代，还是在对偶婚、专偶婚时期，家庭在人类社会中都是将个体聚沙成塔的关键纽带，这种纽带的性质与生产组织的利益纽带不同，它以人类最本初最深刻且具有强烈排他性质的人际关系——血缘关系为特征。工业时代以来，企业等生产组织对于社会关系的改造显而易见，家庭维系社会结构的纽带作用很大程度上让渡给了生产型组织，但并没有完全消亡，这是因为企业只能在生产领域发挥作用，而无法替代家庭在生存和生活方面的关系连接。现代国家制度的兴起，又在很大程度上取代了家庭在生存方面的纽带作用，餐厅食堂、物流外卖等众多服务行业，以及养老育幼等社会公共服务的不断完善，人类个体似乎无须通过家庭"抱团取暖"也能衣食无忧。

这样看来，似乎家庭在当代社会中最关键的纽带作用只剩下生活领域。人类个体不仅要生存要生产，还需要丰富的生活、需要精神上的慰藉、需要休憩和娱乐，在这方面家庭所扮演的最后的纽带，会不会因为人工智能的崛起而消失呢？

一切似乎皆有可能。就让我们从历史的大潮中抽离出来，回到当今时代的社会，看清楚人类家庭的现状再说吧。

7.2 何以家为

社会学家认为,经济发展、文化传播和国家对社会的改造是促进家庭变迁的三大机制[①]。中国的情况也印证了这种论断,但国家改造在近现代中国家庭变迁中的作用更为显著。此外,从中国历史早期起,政府所主导的人口变动便反复与家庭变迁互嵌,并直接影响了分家立户的可能性和不同家庭类型的比重[②]。

在此机制作用下,小型化、老龄化已成为当代家庭的显著特征。20 世纪 50 年代以前,中国平均家庭户规模大体维持在 5.3 人的水平。1953 年第一次全国人口普查数据显示,中国平均家庭户规模为 4.33 人。改革开放后,在计划生育

[①] W. J. Goode, World Revolulion and Family Patterns [M]. New York: The Free Press,1963.
[②] 曾毅. 关于生育率下降如何影响我国家庭结构变动的探讨[J]. 北京大学学报,1987(4).

政策实施与调整、人口迁移流动日益频繁等因素影响下,中国家庭户规模呈现小型化发展趋势。2020年第七次全国人口普查数据显示,中国平均家庭户规模为2.62人,比2010年第六次全国人口普查时的3.10人减少了0.48人[①]。

改革开放后中国家庭户规模变化情况

年份	平均家庭户规模/人	年份	平均家庭户规模/人
1987	4.41	2014	2.97
1990	3.96	2015	3.10
2000	3.44	2016	3.11
2010	3.10	2017	3.03
2011	3.02	2018	3.00
2012	3.02	2019	2.92
2013	2.98	2020	2.62

资料来源:根据第三、四、五、六、七次全国人口普查,2011—2014年和2016—2019年全国1‰人口变动情况抽样调查,以及2015年全国1%人口抽样调查相关数据整理得到

当今时代的婚姻,是非常个人化、自主化的事务,无论是在法律上还是伦理上,结婚自愿、离婚自由都已成为常识。在这种情况下,婚姻家庭尽管对于整个社会的运行来说至关重要,但以社会运行的需要来对家庭提出要求却显得不合时

---

① 麻国庆. 当代中国家庭变迁:特征、趋势与展望[J]. 人口研究,2023(1):43-57.

第 7 章 家庭婚姻:机器人会成为人类的家人吗?

宜。虽然政策效应对于当代人的婚恋观和家庭观有着显著的影响,但这种影响的最终走向却值得探讨。打一个不恰当的比方:有人穿着棉衣上街,上帝认为这人穿太多了想做点什么帮他减负,上帝有控制风雨雷电的神通,可以刮起一阵狂风把这人的衣服吹破吹掉,甚至可以精确控制到吹掉几层衣服;上帝也可以选择收起所有神通,让风雨雷电暂且退下,阳光普照,万物复苏,草长莺飞,好让这人心甘情愿地脱掉棉衣。

既然社会伦理和政策因素对于家庭的变迁都是一种环境因素,那么技术物在家庭中的地位也不会更高,它只是一种婚姻家庭中的从属性工具而已。人工智能对当代家庭来说应该是帮忙而不是添乱,智能技术的应用逻辑应该是缓解现实社会问题,而不是以技术创造新的应用场景来转移矛盾,这是讨论智能内容生成技术与家庭生活的前提,对此应时刻切记,否则必将是"用新问题覆盖旧问题",从而使得婚姻家庭问题持续涌现,摁下葫芦浮起瓢。

用这个标准来看当前中国城乡家庭日益普及的智能家居,其中的是与非就不难评判了。现如今,语音助手、扫地机器人、智能电视、智能中控等形形色色的智能家居产品已经走入寻常百姓家。比如负责信息交流与控制的设备,智能电视、语音助手、智能中控等,它们可以作为各种智能家居的"脑";又比如专注于某项具体任务的设备,扫地机器人、智能料理机、空气净化器、智能洗衣机等，它们是智能家居的"手脚"；再比如负责感知环境的设备，如智能摄像头、温度传感器、动作传感器等，它们是智能家居的"耳目"。这些智能化的家居设备解决了哪些人类婚姻家庭中的实际问题呢？又新带来了哪些问题呢？

也许每个家庭对此的回答不尽相同。笔者的切身体会是：它们令家务劳动更加方便、更加省时省力了，可以节约不少的时间和精力，但家庭的财务负担也因此更重了；家庭成员独立从事家务活动的能力大为增强，但相互之间的依赖性也因此降低了。基于这种个人体验，智能内容生成技术进入家庭无疑将在大幅提高家庭生活的便利性、大幅增加家庭休闲时间的同时，进一步加重家庭财务负担、降低家庭成员之间的依赖。

再来看另一个广受关注的问题：智慧养老。智能内容生成技术对于家庭的养老问题有什么帮助呢？它可以担任老人的"倾听者"和"对话者"，可以让老人更加便捷地获取知识、联系外界，可以使得子女、医护人员及社工更加便捷地知晓老人的生理甚至心理状况。与此同时，其对于家庭财务成本的拉升，对于老年人学习成本的门槛提高，对于家庭成员之间的疏离作用，也是极其明显的。

如果将观察的视野放大一点，看看人类社会的电气化过程对家庭的影响,就可以为我们理解人工智能如何影响家庭提供一个关键的判据:技术物对于家庭的影响不在于其是否提供了便利,而在于其对于家庭成员的互动有何影响。由此我们可以将进入家庭的技术物分为两类:一类是**对家庭成员互动的促进大于抑制,**如可以多个成员共同游戏的机器、共同欣赏的家庭影院、共同完成的某种挑战,这些技术物使家庭成员的协作与互助显得更加重要;另一类是**容易使家庭内部人际互动更为疏离的技术创新,**如手机、自媒体以及其他诸多强调个人体验、削弱协同互助的技术物。

2020 年 12 月,日本《东京新闻》披露,日本政府在 2021 年年度预算中申请了 20 亿日元(约合 1933 万美元)的"人工智能(AI)婚介"经费,致力于利用 AI 来帮助人牵线搭桥。据内阁府说,有 34 个都道府县将支持 AI 婚介,其中

15 个使用 AI 和大数据。对此,内阁府官员田村响解释:"AI 只提供选项,做决定的还是当事人,并不是要强加特定的价值观。"据报道,埼玉县从 2018 年 10 月开始引进 AI 婚介活动。当事人对"你希望找到怎样的伴侣"等 110 个问题做出回答后,AI 会对这些回答进行分析,进而筛选出适合的候选人。至 11 月底时,有 4550 人登记参加这一活动,其中 68 对男女结婚[①]。

以此来看智能内容生成技术在家庭生活中扮演的角色及其影响,就会发现关键在于如何设计具体应用场景:如果应用场景倾向于以提高家庭成员之间的互动水平为主、个人体验为辅,那么这种技术就会凝聚家庭;如果以个人体验为主、人际互动为辅,那么这种技术就会加速现代家庭的小型化趋势,使得通过家庭实现互助变得越来越没有必要。

如果将上述所有已知和未知的人工智能技术融为一炉,创造一个真正意义上的"机器家人",问题就会发生质的改变,变成一个真正具有颠覆家庭制度的时代之问:

机器人可以成为家庭成员吗?

---

① 日本政府推动"AI 婚介"欲阻止少子化势头 [N/OL]. 新华社客户端, 2020-12-24.

7.3 机器家人

家庭的核心功能是生产，而在科学高度昌明的未来，也许个人无须其他人类就能实现生产功能上的满足。当代家庭变迁与技术物之间关系的核心判据是对家庭成员的互动影响。如果家政机器人实现了普及，人类家庭会走向"人机家庭"吗？不考虑第7.1节中已经排除的"单人家庭"概念，在家庭制度还存在的前提下，机器人可以获得类似人类成员的家庭地位吗？

从技术的角度看答案是肯定的，因为这种机器的设计者的初衷就是要取代人类成员，所以机器人具备人类成员的地位是必然的。日本大阪大学的石黑浩教授就是这方面的代表性人物，他的团队创造的与人类极其相似的机器人 Erica，就曾多次引发行业内外乃至全社会的热烈讨论。在外貌上，Erica 综合日本多名女明星的外貌，按照 1∶1 的比例采用高级硅胶定制。除此之外,她还精通日语和英语,能完成简单的家务活,如扫地、洗衣和洗碗,满足温柔贤惠妻子的想象。据了解,类似 Erica 的机器人定价为 217 万日元(约 10 万元人民币)。

机器人 Erica

2023 年 3 月 2 日的特斯拉投资者日上,马斯克公布了备受期待的"宏图第三篇章"(Master Plan Part 3),其中"人形机器人制造人形机器人"的视频引发了热议[①]。从技术上看这无疑是巨大的进步,人形机器人本就是极具挑战的人工智能技术问题,而利用人形机器人制造人形机器人,无疑使得这种挑战呈指数级增加。特斯拉的这一视频几乎就是在宣告,机器人就快要具备自我繁殖能力了,作为一个新物种,机器人降临地球指日可待了。

---

① 特斯拉机器人"自己造自己"?[N/OL]. 上观新闻,2023-03-02. https://export.shobserver.com/baijiahao/html/588106.html.

第 7 章　家庭婚姻：机器人会成为人类的家人吗？

特斯拉"人形机器人制造人形机器人"

从社会层面看，对于近年来媒体时不时爆出的"人类与机器人结婚"的新闻，大众态度已经从一开始的视为"炒作"而渐渐开始认真起来：智能体成为家人这种事情到底可不可行？人类家庭有没有可能从纯粹意义上的人类成员家庭，发展出"人类＋动物＋智能体"的家庭，实现人类、动物和机器等各种新旧物种共处一室的全新家庭形态呢？

人类家庭

人类+动物

人类+动物+智能体

结合技术的发展和当今社会家庭状况，这种情况的出现确实存在一定可能性。2017年10月，沙特阿拉伯政府在首都利雅得举行的未来投资倡议会议上宣布，赋予机器人"索菲亚"以公民权，使其成为世界上首个为机器人赋予人类地位的国家。"索菲亚"的设计者美国人工智能专家戴维·汉森博士提出在未来的2050年，人类或许会与机器人结婚。英属哥伦比亚大学经济学家玛丽娜·阿沙德（Marina Adshade）认为，广泛使用机器人伴侣所导致的一个可能成真的后果是，非单偶制将正常化，亲密关系将更少地关注于性与情感，转而更重视陪伴、关怀与共同的生活计划[①]。2023年3月，罗马尼亚任命了史上首个人工智能内阁成员，智能体开始具备了法律意义上的人格，那在社会意义上为什么不能成为家庭成员呢？或者说，人类作为家庭成员的独特性，并以此为核心维持传统家庭制度继续存续下去的意义是什么呢？

柏拉图式的爱情吗？

---

① 中国电子学会. 机器人简史（第二版）[M]. 北京：电子工业出版社，2017.

7.4 AI 的回答

就本章讨论的相关问题,笔者于 2023 年 4 月 5 日与 ChatGPT 进行了互动,结果如下:

ChatGPT 的解答

> 机器人会成为人类的家人么?

> 目前的机器人技术还无法完全代替人类的家人,但是随着技术的不断进步和发展,机器人在某些方面可能会成为人类的家人。下面是一些可能的情况:
> 1. 陪伴老年人和独居者:由于人口老龄化和单身人口增加,机器人可以作为陪伴老年人和独居者的替代品。机器人可以提供日常照料、娱乐和安全等服务,同时也能提供心理上的支持和陪伴。

2. 辅助残疾人：机器人可以作为残疾人的辅助设备，帮助他们完成日常活动和任务。例如，机器人可以帮助盲人导航、帮助行动不便的人上下床等。

3. 教育和娱乐：机器人可以作为儿童的玩伴和教育助手。机器人可以教授孩子基本技能、阅读故事和玩游戏等。

尽管机器人在某些方面可以成为人类的家人，但是它们并不能完全取代人类的家人，因为机器人缺乏情感和人类的温暖。因此，在建立家庭关系时，机器人只能作为辅助工具，而不能完全代替人类的角色。

> 未来人工智能盛行，是否会有更多人选择独居，放弃婚姻？

> 未来人工智能的发展可能会对人们的生活方式和选择产生一定的影响，但不一定会导致更多人选择独居或放弃婚姻。
>
> 首先，婚姻是一个复杂的社会文化现象，受到许多因素的影响，包括经济、社会、文化和个人因素等。人工智能的发展只是其中的一个因素，并不是决定性因素。因此，未来的婚姻和独居趋势仍然会受到其他因素的影响。
>
> 其次，人们选择独居或放弃婚姻往往是因为个人偏好、

第 7 章 家庭婚姻：机器人会成为人类的家人吗？

生活经历和价值观等因素的综合作用。虽然人工智能可以为人们提供更多的便利和支持，但它们无法替代人与人之间的情感和社交联系，这也是很多人选择婚姻和家庭的原因。因此，人们的选择是否独居或放弃婚姻，仍然会根据自己的价值观和生活经历等多种因素来做出决定。

最后，虽然人工智能可以为人们提供更多的便利和支持，但它也可能会产生一些负面影响，例如增加社交孤立感和精神健康问题等。因此，人们需要在享受人工智能带来的便利和支持的同时，保持社交和情感联系，以及对自己的身心健康进行关注。

综上所述，未来人工智能的发展可能会对人们的生活方式和选择产生一定的影响，但不一定会导致更多人选择独居或放弃婚姻，因为这些选择取决于多种因素的综合作用。

> 如果每个人在智能机器的辅助下实现经济上的独立，那么专偶家庭会不会成为一种多余或累赘呢？

> 如果每个人在智能机器的辅助下实现经济上的独立，专偶家庭仍然会继续存在，因为家庭不仅仅提供经济支持，还扮演着情感和社会支持的角色。即使一个人已经经济独立，他或她仍然需要社会联系和互动，而

家庭是提供这些联系和支持的主要场所之一。

此外，婚姻和家庭是人类社会的基本组成部分，也是人类生存和繁衍的重要方式之一。虽然智能机器可以提供更多的经济支持和生活便利，但它们无法替代人与人之间的情感和社交联系。因此，专偶家庭仍然是人类社会中重要的组成部分，不会因为智能机器的出现而变得多余或累赘。

总之，尽管智能机器可以为人类提供更多的经济支持和生活便利，但家庭在提供情感和社会支持方面的作用不可替代。因此，专偶家庭不会因为智能机器的出现而变得多余或累赘，它们仍然是人类社会中不可或缺的组成部分。

> 在家庭制度还存在的前提下，机器人可以获得类似人类成员的家庭地位吗？

> 在当前的社会中，机器人还不具备获得与人类成员相同的家庭地位的能力。虽然机器人可以拥有人类成员的一些功能，例如在家庭中扮演照顾者、保姆或宠物的角色，但是它们还缺乏人类所拥有的情感、意识和思维能力等方面的特质。此外，机器人也没有人类所具备的家庭关系和亲情纽带。因此，机器人无法完全取代人类成员在家庭中的地位，它们只是一种辅助工

具,能够为家庭成员提供各种服务和支持。在未来,随着人工智能和机器人技术的发展,机器人可能会变得更加智能和人性化,但是机器人与人类的本质差异仍然存在,它们不可能完全代替人类成员在家庭中的地位。

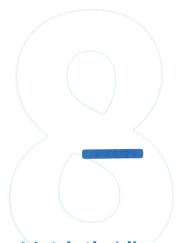

社会舆论：算法为谁而鸣？

第8章 社会舆论：算法为谁而鸣？

当我们谈及一个人的生存状况时，除了生物学意义上的心理生理状况以及家庭生活状态以外，更为重要的就是对其社会化生存状况的考察。对当今时代的人类而言，无论是以舆论"议政"还是以行动"参政"，都会因智能内容生成的崛起而大为不同。

让我们一一道来。

8.1 驴与舆

汉语中"舆论"一词的出现可以追溯到《三国志·魏·王朗传》:"没其傲狠,殊无入志,惧彼舆论之未畅者,并怀伊邑。"[①]《辞海》中"舆论"一词的解释为"公众的言论,对人们的行为有支持、约束等影响。有多样性和变动性的特点。"早在春秋时期,征询臣民的意见就已经成为帝王执政的重要政务之一,当时社会下层的意见被称为"民之所欲""庶人之谤""庶人之议"。

"舆"字的出现是在春秋末期,其最早的含义是指"车子",后来"舆"字和"人"字连用意为造车的人,称为"舆人"。《周礼·考工记·舆人》中有"舆人为车",即舆人制

---

① 任贤良. 舆论引导艺术:领导干部如何面对媒体[M]. 北京:人民日报出版社,2019.

造车辆。后来凡与车有关的各种人通称为"舆人",如车夫、随车师卒和差役,并逐渐有了"下等人"的含义。

封建社会的中国,人在社会中的地位被划分为十个等级,其中舆人为第六等,属于中下等阶层。《左传·昭公七年》写道:"天有十日,人有十等,下所以事上,上所以共神也。故王臣公,大夫臣士,士臣皂,皂臣舆,舆臣隶,隶臣僚,僚臣仆,仆臣台,马有圉,牛有牧,以待百事。"逐渐地,"舆人"在汉语中开始成为广大民众特别是居于社会中下层民众的代称。《左传·僖公二十八年》中的"晋侯患之,听舆人之诵",《国语·晋语三》中的"惠公入,而背外内之赂,舆人诵之",《晋书·郭璞传》中的"访舆诵于群小",《隋书·炀帝纪》中的"听采舆颂,谋及庶民",均为此意。

在西方,虽然早在柏拉图的"洞穴隐喻"中就已经生动展现了媒介传播对于人类认知的影响,但舆论"public opinion"一词的正式提出要晚至18世纪的卢梭。在1922年出版、被视为现代新闻传播学奠基之作的《公众舆论》一书中,沃尔特·李普曼提出的"拟态环境"概念是传播学中最为核心的概念之一:我们都是柏拉图隐喻式的"囚犯",置身于一个洞穴、木偶和火把的"真实环境",洞壁上的影子就是存在于我们和"真实"之间的"拟态环境"——新闻传播。

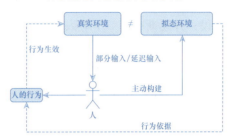

可以看出,汉语中的"舆论"一词更倾向于将舆论视为民众意见的直接呈现,在一定程度上忽视了新闻媒介对民意真实性的过滤、放大或是扭曲。西方思想界则从柏拉图时代就对媒介传播与社会舆论的影响给予更多关注,现代新闻传播学更将媒体视为舆论传播必不可少的内在要素。这在联合国教科文组织的专题报告《多种声音一个世界》中关于舆论的定义里也有所体现:

"舆论是一种常常难以进行确切地科学分析的集体现象,它是同人的社会性紧紧联系在一起的。但是舆论既不是暂时无变化的,也不是从地理角度上构成一个整体的。"[①]

中西方传统上的这种差异也可以从古代中国的公众舆论载体特点上加以理解。林语堂在《中国新闻舆论史》中指出:"在古代中国,公众批判远比报刊重要得多,因为两者并非同生相长。在中国,民众的识字率非常有限,普

---

① 联合国教科文组织国际交流问题研究委员会. 多种声音一个世界[M]. 北京:中国对外翻译出版公司,1981.

通人很少思考当下的政治；直到政治开始影响他们的正常生活的时候他们才干预政治。因此公众批评力度的强弱与民众识字率的高低是成比例的。但是在受到良好教育的公民阶层中总是流行一种舆论，这种舆论在国家处于危机时往往可以突变为常规的民众运动，成为有组织的和能够表达思想的，并进而演变为支配舆论的有生力量。当这样的公众批评具备了自身的优势时，它就不仅仅局限于政治范畴，而是沿用类似社论主编的方法倾其全部力量直捣时事话题。"[1]

及至现代，中西方对新闻媒体与公众舆论的这种共生关系基本形成共识。马克思把社会舆论比作"袋子"、把报刊比作驮袋子的"驴"，即报刊是社会舆论的载体[2]，并公开申明"自己的目的——经常而深刻地影响舆论"[3]，强调报刊不仅"是社会舆论的产物，同样地，它也制造社会舆论"。这里所说的"制造社会舆论"，是指借助报刊传播使一地之舆论为天下人共鸣。比如"使摩塞尔沿岸地区的贫困状况成为祖国注意和普遍同情的对象[4]""用社会舆论的影

---

[1] 林语堂. 中国新闻舆论史[M]. 广州：暨南大学出版社，1968.
[2] 童兵. 马克思主义新闻思想史[M]. 北京：中国人民大学出版社，1989.
[3] 中共中央马克思恩格斯列宁斯大林著作编译局. 马克思恩格斯全集：第7卷[M]. 北京：人民出版社，1972.
[4] 中共中央马克思恩格斯列宁斯大林著作编译局. 马克思恩格斯全集：第1卷[M]. 北京：人民出版社，1972.

响力促进问题的解决[①]"。毛泽东在党的八届十中全会上指出:"凡是要推翻一个政权,总要先造成舆论,总要先做意识形态方面的工作。革命的阶级是这样,反革命的阶级也是这样。"[②]

媒介传播与社情民意的相互作用关系使我们意识到,智能内容生成这样的强大技术对舆论的影响,绝对不会仅仅是加快传播的速度而已。

事情远没有那么简单!正如海德格尔所说,"人通过技术隐蔽媒介参与方式缔造社会。"人工智能利用算法刻画出用户的精准画像,然后进行内容筛选推送,提升了新闻生产个性化和新闻推送准确率,同时也会出现因迎合个人偏好而

---

① 邓新民. 网络舆论与网络舆论的引导 [J]. 探索, 2003 (05): 78-80.
② 中共中央文献研究室. 建国以来毛泽东文稿: 第10卷 [M]. 北京: 中央文献出版社, 1996.

导致"信息茧房"等问题。人工智能在满足多元化、个性化价值诉求的同时,也在悄悄改变着舆论环境及其载体。那头驮袋子的驴已经发现,自己进入到一个可以消解一切真实的数字湍流之中。

8.2 主体、客体和本体

新闻传播学将表达意见的人或组织称为"**主体**",这些人或组织评论的社会事务、舆论议题则被称为"**客体**",主体对于客体作出的或褒或贬的评价就是舆论的"**本体**"。理解了这三个名词的含义及其受到智能内容生成技术的影响变化,那么对于当今舆论场的很多光怪陆离的现象基本上就可以看清大半。

当今社会最主要的传播媒介就是互联网,网络空间对于当下社情民意的影响之大毋庸赘言。哈罗德·伊尼斯曾指出,"一种新媒介的长处,将导致一种新文明的产生。"而较之于传统新闻媒体,网络空间对于舆论主体、客体和本体的影响都可以说是"颠覆性"的。这是笔者心目中为数不多的"技术颠覆社会"的领域之一:

第 8 章 社会舆论：算法为谁而鸣？

首先是舆论主体的"三化"。 互联网的广泛互联给普通人以前所未有的机会，能够充分且快速地获取信息，而自媒体使得"人人都有麦克风"，赋予了各类舆论主体巨大的发声便利，民众的发声意愿被大大激发，导致舆论主体不断"活化"；传统新闻媒体"把关人"制度在自媒体中的缺位，在情绪化表达的推波助澜之下，将不断推动具有相同观念的陌生人在网络空间群集抱团，导致社会舆论的"极化"现象日益突出；社交机器人、僵尸网络和智能内容生成技术的普及，更将使得越来越多的"非人类"在网络上发声，导致舆论主体的不断"虚化"。2022 年 5 月，以色列科技公司 Cyabra 研究指出，13.7% 的 Twitter 资料是虚假账号。这对月活跃用户数超 3 亿的推特而言，就是近 3000 万的机器人账号。

其次是舆论客体的"三难"。互联网大大加速了信息传播的速度，降低了民众获取信息的门槛，使得网络舆论场中的各种议题设置不再受控于传统媒体机构，"人人都是自媒体"的时代人人都能设置议题。层出不穷的各类议题，一方面使得舆论焦点不断分散难以聚焦，另一方面又使得舆论议题在舆论场中的"活跃周期"大幅缩短，舆论客体的涌现**难预期**、寿命**难持久**、辩论**难深入**，导致网络舆论场整体处于频繁切换、无暇平复的"快闪"状态之中。

对于这种现象，有评论认为，"任何网络舆论热点信息传播都有一定的发展演变周期。一般认为，网络舆情的生命周期包括酝酿期、爆发期、扩散期、恢复期。受事件属性、信息畅通程度、官方回应情况、民众心理等因素的影响，网络舆情传播周期的长短具有较大差异。""七天传播定律"虽然在一定程度上反映了社交媒体环境下网络舆情生命周期较短的现状,但却是一种经验性的观察结论,而非有学理支撑的科学理论。[①]

再次是舆论本体的"三多"。 网络舆论主体的"三化"面对网络舆论客体的"三难",势必导致网络舆论本体——观点和意见的个性多于共性、情绪多于理性、戏谑多于建构,这几乎已成为当前网络空间的一种基本生存态度,甚至可能演变为现实社会的一种新社会心理状态。

值得注意的是,上述现象不止出现在个别国家和地区,而已成为当今世界不同社会形态普遍存在的现象,这在一定程度上反映出其具有穿越社会形态差异的普遍性意义。无论是在国内还是在国外,很多传统新闻媒体已看清并接受了这种趋势,正在积极拥抱新技术、新工具,意图"用魔法打败魔法",实现传统媒体在人工智能时代的涅槃重生。

---

① 网络舆情,真的只有 7 天的记忆吗?[N/OL]. 人民论坛网,2019-12-21. https://baijiahao.baidu.com/s?id=1653533026960959794&wfr=spider&for=pc.

从 2015 年开始，国内外很多媒体就陆续开始拥有自己的智能内容生成工具了。《纽约时报》用 Blossomblot 系统筛选文章向社交网站等平台推送；《华盛顿邮报》用 Heliograf 程序核实新闻的准确性；《洛杉矶时报》智能系统专注处理地震等突发新闻；路透社的 Open Calais 智能解决方案可协助编辑审稿；《卫报》利用机器人 Open001 筛选网络热文，生成实验性纸媒产品。新华社推出机器人写稿项目"快笔小新"，阿里巴巴联合第一财经推出"DT 稿王"，今日头条推出"xiaomingbot"，南方报业推出"小南"，各种写稿机器人纷纷涌现。

智能内容生成技术在网络舆论场中无以匹敌的强大能力，新媒体和传统媒体对智能内容生成技术的积极态度，将使得网络舆论时代、人工智能时代的各种趋势加速演化，成为全人类不得不共同面对的大趋势。人工智能对媒体时代的改造，几乎是一场脱胎换骨式的变革。人工智能与传媒业的融合正不断升级，向新闻传播的全部环节加速渗透。克莱·舍基在《人人时代》中指出，在全新的生态系统中，传媒业从机械复制时代的垄断性内容生产转而成为 PGC（专业生产内容）、UGC（用户生产内容）、MGC（机器生产内容）的融合局面，这是媒介形态变化和技术赋权带来的必然结果。[1] 未来将出现

---

[1] 李良荣，宋艳艳. 从 2G 到 5G：技术驱动下的中国传媒业变革 [M]. 新闻大学，2020（7）：51-66，123.

的各种各样的媒介产品、媒介服务、媒介现象,背后都有人工智能的深度参与。也许正如小约瑟夫奈在评价人工智能对人类社会的冲击时指出的,这是需要全人类放下分歧、携手应对的机器与人类之争、科技与人性之争,而不是人类之间的意识形态之争。

当然,也有一些人并不这么想。

8.3 后真相时代

新闻和传播的自由被很多人视为西方当代社会最为核心的特征之一,甚至有不少人认为其在社会运行中发挥着"基石"的作用。2022 年 12 月,多名曾追踪报道马斯克的美媒记者的推特账号被冻结,推特公司首席执行官马斯克因此受到欧美多方官员的指责。有联合国官员称此举"开创危险先例";欧盟高级官员则警告,未来推特可能会因此受到制裁。联合国全球传播事务副秘书长梅利莎·弗莱明(Melissa Fleming)发推文表示,"媒体自由不是玩具,新闻自由是民主社会的基石,是打击有害虚假信息的关键工具。"[1]

新闻自由对于社会生活的重要性是毋庸置疑的,但将其视为社会的基石也显然是夸张了,这是对人类社会的经济基

---

[1] 联合国称马斯克"开创危险先例",欧盟警告制裁推特[N/OL]. 观察者网,2022-12-17. https://www.guancha.cn/internation/2022_12_17_671702.shtml.

础、人文环境和政治制度等诸多要素关系的刻意曲解,这种说法与其倡导的"打击有害信息"相比难免呈现些许矛盾,而马斯克"敢在我家平台上搞我,我就踢你出去"的任性,欧盟"敢把我从你家踢出去,我就搞你"的蛮横,更是彻底反映出这个所谓"基石"的脆弱。

西方的新闻媒体和舆论环境到底是怎么回事,未来又会何去何从?也许能通过以下三个例子管中窥豹。

第一个例子是"查尔斯·申克案"。第一次世界大战期间,美国社会党总书记查尔斯·申克向潜在的应征入伍者印刷、散发、邮寄传单,其中包括反对征兵法的传单。这些传单上写有"不要向恐吓屈服""坚持你的权利""如果你们不坚持和维护你们的权利,你们就是损害合众国全体公民神圣权利的帮凶"等言论,传单上还指出:征兵可以看作是强制劳役。

正因这种行为，查尔斯·申克被判处监禁六个月。美国最高法院大法官霍尔姆斯给出的理由是："当一个国家处于战争状态的时候，很多可能会在和平时期说出来的话，会对国家的战争努力造成巨大妨害，以至于不能被容忍说出来，只要还有战士在战斗，就不会有一个法院会认为它们可以得到任何宪法保护。"从此以后，霍尔姆斯标准（Holmes' test）暨"明显而现实的危险"，就成为美国法院否决《第一修正案》所赋予的表达自由权利的一大利器。

查尔斯·申克案的传单

第二个例子是"福克斯新闻的崛起"。 1996 年，美国共和党人对于当时的各大主流媒体普遍偏向民主党严重不满，创建了"福克斯新闻"，这个高呼"对抗媒体偏见"并实现"公平与平衡（fair and balanced）"的新闻机构创建伊始，就

第 8 章 社会舆论：算法为谁而鸣？

A PLAN FOR PUTTING THE GOP ON TV NEWS

For 200 years the newspaper front page dominated public thinking. In the last 20 years that picture has changed. Today television news is watched more often

    than people read newspapers.
    than people listen to radio.
    than people read or gather any other form of communication.

The reason: People are lazy. With television you just sit--watch--listen. The thinking is done for you. *29% rely only on TV*

As a result more than half the people now say they rely on television for their news. Eight out of 10 say they tune in radio or TV news at least once daily. *59% rely primarily on TV*

Network television news is only half the story. People are also concerned about their localities. As a result, TV news is one-half network, one-half local. *44% say TV is more believable than any other medium.*

To make network TV news from Washington you must have a story with national priority. Otherwise, you don't get on network and, therefore, you are not seen in any locality.

To date, local stations have not been able to carry Washington news unless it made the network because, literally, they haven't been able to get it there from here.

Reproduced at the Richard Nixon Presidential Library

采取了一种极为罕见的报道策略——专门揭露其他新闻机构的"假新闻"，通过发布与对方报道内容相反的"事实清单"来彰显自己的客观公正。这种"攻击性叙事"很快就使得福克斯异军突起，成为全美最受欢迎的媒体之一。其中很多事情，早在福克斯新闻创始人艾尔斯1970年代向尼克松提交的 318 页的报告《共和党入驻电视新闻计划》(Plan for Putting the GOP on TV News)中就已经讲得非常详细、非常直白了："人们是懒惰的……在收看新闻时你只是坐下 – 观看 – 聆听，电视台已经替你做了思考。"①

第三个例子是"北约认知战"。 2019 年，北约正式提出"认知战（cognitive warfare）"概念。在北约官方出版物《认知战：真理与思想的攻击》中明确写道："认知战是指外部实体将公众舆论武器化，以影响公众或政府政策，以破坏其稳定。""认知战可能是永无止境的，因为这种类型的冲突不可能有和平条约或投降……认知战的目标是一个国家的所有人，任何使用现代信息技术的用户都是潜在目标。"②

或许，据称出自美国参议员海勒姆·约翰逊的名言"战争中最先牺牲的是真相"，现在到了补上下半句"将其送上战场的是全社会"的时候了。对此，牛津大学的非新闻传播领域的学者赫克托·麦克唐纳（Hector MacDonald）在他的《后真相时代》一书中直言不讳："各行各业有经验的沟通者会通过片面的事实、数字、故事、背景、吸引力和道德呈现

---

① 复旦发展研究院. 美国政治极化的"新闻前线"：福克斯新闻的前世今生［EB/OL］.［2020-05-20］. https://fddi.fudan.edu.cn/97/0c/c21253a235276/page.htm.
② 北约创新中心. 认知战：真理与思想的攻击.［EB/OL］.［2020-11］. https://www.innovationhub-act.org/sites/default/files/2021-03/Cognitive%20Warfare.pdf.

某种世界观,从而影响现实。"[1]2016年版《牛津英语词典》将"后真相"一词选为"年度热词","诉诸情感和个人信念,较客观事实更能够影响舆论的状况",标志着全球新闻传播进入了后真相时代。

真相与后真相时代[1]

第四个例子是"智能开源新闻"。 "开源情报"(OSINT,Open Source INTelligence)是美国国防和安全部门提出的一个情报学概念,指的是从公开信源的信息中搜集/提炼和分析能够满足特定需求的有用情报。这是近年来情报界十分流行的分析方法,已迅速应用到与信息分析和数据处理相关的各个行业,媒介传播领域也不例外。

---

[1] 赫克托·麦克唐纳. 后真相时代 [M]. 北京:民主与建设出版社,2019.

2020年，一篇题为《世卫总干事为何遭遇与中国相关的数字迷因攻击》的调查报道受到社会广泛关注。这篇报道出自知名 OSINT 调查新闻网站"响铃猫"。经过对 2020 年 6—8 月间社交媒体上流传的针对世卫组织（WHO）和中国政府的"阴谋论"的开源信息进行分析，通过翔实的数据和缜密的分析追溯了相关舆论的形成和传播过程，发现在相关的 15000 多条谣言中有 2427 个"迷因"（meme，意为文化基因）出自同一个信源。正是这些关键性的节点用户（包括大量的社交机器人）所制造的针对中国和世卫组织的谣言迷因引发的病毒式传播酝酿了这场典型的"后真相风暴"。"响铃猫"的这篇研究报告也被视为"开源智能新闻"的一个经典范例。[①]

"响铃猫"不同于一般意义上的新闻网站，它是一个由专业记者、编辑、数据科研人员和经过培训的"草根记者"组成的新闻社区，使用网上的开源信息和数据，发挥专业人员的技术优势和"草根记者"的众包机制，专门发掘智媒平台上散播的各类"后真相"背后的"真相"。近年来，"响铃猫"在重大新闻事件的调查上贡献了多篇产生轰动效应的佳作，包括 2014 年马航 MH17 坠机事件、2018 年英国军情六处的"双面间谍"（Sergei Skripal）中毒事件等。[①]

从柏拉图的"洞穴隐喻"到李普曼的"拟态环境"，从

---

① 史安斌，戴润韬. 开源智能新闻：发掘后真相世界的真相［J］. 青年记者，2020（31）：75-78.

新闻纸到自媒体,舆论和事实真相在人类社会中的关系,正如影子与手:你以为的兔子不过是一只手,你以为的蝴蝶不过是两只手;不应将"后真相时代"的到来归咎于技术创新,这不过是又一个"虚假信息"而已,智能内容生成技术充其量只是手上多出来的一个新道具。归根到底还是那句话:

技术很单纯,复杂的是人。

8.4 AI 的回答

就本章讨论的相关问题,笔者于 2023 年 4 月 5 日与 ChatGPT 进行了互动,结果如下:

===== **ChatGPT 的解答** =====

🙂 算法为谁而鸣?

 算法的发展和应用,对于整个社会都有着重要的意义。它可以帮助企业提高生产效率、降低成本,为消费者提供更好的商品和服务,也可以为科学研究和社会治理等提供支持和帮助。但是,算法背后的数据和模型,都需要来自社会的支持和参与,也需要考虑对社会的影响和贡献。

因此,算法的发展应该为更广泛的社会利益而鸣,而不是只为某些特定的群体或利益而服务。在算法的设计和实施过程中,应该考虑到人的尊严、平等和自由等价值,保护个人隐私和数据安全,避免算法的滥用和不公平。此外,应该加强算法的透明度和可解释性,促进公众对算法的理解和参与,建立一个共同的算法伦理标准,为算法的良性发展和应用提供保障。

> 智能内容生成技术在网络舆论场可以发挥什么样的作用?

> 智能内容生成技术在网络舆论场可以发挥多种作用,其中一些包括:
>
> 1. 提高信息生产效率:智能内容生成技术可以帮助新闻机构、博客作者、社交媒体营销人员等快速、高效地生成大量高质量的内容,提高信息的生产效率。
>
> 2. 优化内容质量:智能内容生成技术可以帮助编辑和作者进行内容的编辑、审校、校对等工作,从而提高内容的质量和准确性。
>
> 3. 自动化内容推荐:智能内容生成技术可以分析用户的兴趣和偏好,自动推荐与用户感兴趣的内容,提高用户体验和满意度。
>
> 4. 对抗虚假信息:智能内容生成技术可以快速识别和过滤虚假信息、假新闻等不实信息,帮助保持网络舆

论的健康和秩序。

然而，智能内容生成技术也可能会带来一些负面影响，例如：

1. 破坏内容创造的多样性：如果智能内容生成技术被广泛应用，可能会导致内容的同质化和缺乏多样性，这可能会限制用户接触到多样的信息和观点。

2. 人工智能偏见：由于智能内容生成技术的训练数据和模型都来自人类，可能会存在人类偏见和歧视的问题，这可能会导致智能内容生成技术生成的内容也存在偏见和歧视。

3. 伦理和隐私问题：智能内容生成技术可能会涉及到用户隐私和数据安全等伦理问题，这需要相关机构和组织建立相应的法规和规范，保护用户的合法权益。

9 政治活动：GPT 可以当美国总统吗？

第 9 章 政治活动：GPT 可以当美国总统吗？

2023 年 3 月 1 日，罗马尼亚总理尼古拉·丘卡（Nicolae Ciuca）宣布对世界上首个人工智能政府顾问的任命。这款名为 ION 的机器人被安装在一面镜子里，它能够解读该国民众的意见，并将其传达给政府，帮助官员做出决定。"ION 将通过人工智能做到人类无法做到的事情——倾听所有罗马尼亚人的声音，并在罗马尼亚政府面前成为民众代表。"① 如果仅仅从技术上分析，ION 的智能化程度应该与 GPT-4 有差距，那么既然 ION 能成为罗马尼亚内阁成员，GPT-4 有没有可能成为美国总统呢？

---

① 罗马尼亚推出世界首个 AI "政府顾问"，专门搜集社交媒体民意 [N/OL]. 澎湃新闻，2023-03-03.

9.1 技术与社会

在探讨这个复杂的问题之前,需要通过回顾前文的讨论得出一个简单的分析框架,作为解释政治这个高度敏感和复杂的话题的基础。我们可以通过不同领域信息参与的强弱程度及其在社会体系中所处的不同维度来理解不同的社会领域。

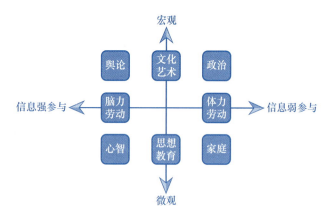

从信息参与的强弱程度看,对脑力劳动(第 4 章)、个人心智(第 6 章)和社会舆论(第 8 章)而言,信息的传播

和利用在其中的重要性极高,由此导致智能内容生成技术对其的影响也相对较大;在体力劳动(第5章)和家庭婚姻(第7章)等领域,由于信息的作用相对较弱,所以作为信息生产和传播利器的智能内容生成技术,所能发挥的影响也十分有限;在思想教育(第2章)和文化艺术(第3章)领域,信息的作用相对较为平衡,所以智能内容生成技术的影响如何,具有一定的不确定性,需要一边实践一边观察。

再从不同领域所处的社会维度来看,由于智能内容生成技术本身的"生产力工具"属性,所以其技术扩散和影响的路径上最快捷、冲击最直接的是中观维度上的脑力劳动(第5章)和体力劳动(第6章),而其对于微观维度和宏观维度上各领域的影响则是渐进式的。

上述二重影响效应叠加之后,可以得到这样一份影响光谱:

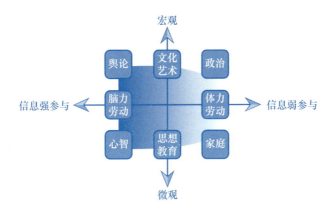

需要再次强调的是,无论智能内容生成技术对不同领域的影响程度有多深,除了人工智能领域以外的其他领域,智能内容生成技术的影响都只是一种因素而不是规律。不同社会领域的发展演进有着自身的内在规律,技术是参与者而不是决定者,即便是在与其同处中观层面的产业领域,技术也只是诸多要素中的一个,发挥决定性作用、起到主导性影响的仍然是经济规律。

以这个分析框架来看智能生成技术对政治领域的影响,"期待值"就会大大降低。实际上并不是技术距离政治太过遥远,而是政治领域本就是人类社会各领域中最为稳定、变化最为缓慢的领域之一。历史上政治领域的每次变化,往往意味着其对人类社会的全面影响和重大冲击。这么来说的话,政治领域的一点"风吹草动"都会引发广泛的关注和无尽的想象。但奇怪的是,近年来西方社会陆续出现的类似"机器人参政"这样劲爆的新闻,似乎没有引起太多的社会关注。

当今西方社会的政治领域,到底在发生些什么呢?

9.2 民众与政客

欧洲大陆在西方历史上一直被视为文明的摇篮、政治活动的中心，涌现过无数青史留名的政治家和思想家。及至两次世界大战之后，欧洲政治一步步变成"美国—欧洲"体系的附庸，特别是在金融危机之后，经济的持续低迷使得欧洲的精英政治长期萎靡，柏拉图式的"哲人王"越来越不受人待见，西塞罗式的"鼓动者"越来越吃香，曾经孕育出法西斯主义的"民粹主义"在欧洲重新崛起。

"民粹"源自拉丁文"人民"（populus）一词，带有平民与精英、贵族、富人对立的色彩。伯明翰大学政治学家阿尔贝塔齐将民粹主义定义为"唆使民众反对精英剥夺人民基本权利的意识形态"。民粹主义普遍缺乏成型的政治理念，更多的是反精英、反建制、反传统及草根观点的汇聚，同时善于在人群中制造对立，区分"我们"和"他们"。从当前欧洲民粹现象的表现来看，主要共同点是"反传统政治"，即与欧洲传统中左翼或中右翼的主张偏离较大，甚至是"只要是为欧盟老牌精英所不喜的思想均可纳入其中"。因此一些带有民族主义、国家主义、右翼保守主义、极左翼色彩主张的政党常常被主流舆论贴上"民粹"的标签，这张标签实际是受民众欢迎的某些反传统政策在西方选举政治中的载体[①]。

2016年的欧洲难民危机，使得民粹主义政治势力趁机在欧洲政坛攻城略地。2017年法国大选中，以往轮流执政的社会党和共和党早早出局，上演了现代法国政治史无前例的名场面。法国总统马克龙的"前进运动"虽被视作亲欧、反民粹力量，但也不得不以日趋极化的政治主张应对民粹主义，这种以毒攻毒的策略显然是饮鸩止渴。德国大选中，中右的联盟党和中左的社民党均损失了20%左右的议席；捷克、奥地利、意大利等国中左翼政党在大选中均被边缘化。同时，传统政党为了和民粹主义争夺选民，政策主张愈发极端化。

在这个过程中，自媒体、互联网、智能内容生成技术发挥的巨大作用颇为引人注目。2016年7月15日晚，土耳其武装部队部分军官发动军事政变，他们控制了位于首都安卡

---

① 董一凡. 当前欧洲民粹主义的主要特点及发展趋势[J]. 当代世界，2018（09）：61-64.

第 9 章 政治活动:GPT 可以当美国总统吗?

拉的土耳其广播电视协会(TRT)电视台,宣读声明称,一个由军人组成的"祖国和平委员会"已经全面接管政权,全国范围实行宵禁并实施军事管制法。夜里零时左右,土耳其总统埃尔多安通过苹果手机上的视频聊天软件 FaceTime 接受美国有线电视新闻网土耳其语频道采访。他对着手机摄像头发表讲话,号召民众走上街头抗议政变,"给他们(叛变军人)答案!"他还在推特上发言,呼吁民众到机场和公共广场上去,"夺回民主的所有权和国家主权!"随后发生持续时间不到 24 小时的激烈冲突,共造成 265 人死亡,其中包括 161 名民众与警察、104 名叛变士兵,另有 1440 人受伤。第二天上午,土耳其总统府网站发表声明:埃尔多安总统安然无恙,"一小撮士兵"的政变图谋没有成功[1]。

一贯对社交媒体抱有敌意、认为其会颠覆政权的埃尔多安,此次选择了将社交媒体和互联网作为政治斗争的有力武器,发动民众与军方展开对抗,一定程度上反映出信息化手段在当今西方政治活动中的有效性和必然性。发生在英国的另一起事件,则令即便是见惯了这种"美丽风景线"的西方民众也大为震惊。

2019 年 1 月 7 日,英国议会即将再次对脱欧协议进行

---

① 土耳其总统府发声明:"一小撮士兵"的政变图谋没有成功[EB/OL].[2016-07-16]. http://www.xinhuanet.com//world/2016-07/16/c_11-19228212.html.

表决的前夜，英国电视台播出了一部名为《脱欧：无理之战》的影视片，以伪纪录片的形式演绎了 2016 年英国脱欧公投过程中，一些政客如何用人工智能算法影响选民心理、操弄公投，并实现脱欧派最终逆袭胜利的故事。影片播出后引发巨大争议，一些英国人对此感到愤怒，也有一些人认为这部影片本身就是一个谎言，意在影响次日的表决。但影片中有一个细节是各方都认可的：一个叫"聚合智囊"的人工智能公司让脱欧派将超过一半的预算花在网络和算法上，这家公司在社交媒体上共投放了十亿条定向广告。和以往的政治宣传不同的是，这是基于每一个接受者个人数据的智能分析结果而量身定制的宣传品，这种"智能化政治干预"成为影片里脱欧派赢得胜利的关键一招。

"聚合智囊"的原型正是现实世界中的"剑桥分析公司"。这家令全世界大为震惊的公司被曝卷入特朗普大选和英国脱欧，使得 Facebook 等社交巨头因个人数据使用原因遭到重创。英国剑桥分析公司前员工及爆料人克里斯托弗·韦利在英国议会接受质询时明确表示："如果没有我所认为的作弊（行为），那么'脱欧'公投的结果很可能会截然不同。"不论这个自称干预了全世界百余场大选的智能算法是不是自吹自擂，但西方民众对人工智能在政治领域的威力算是领略到了。

在国外，无论是公开号召民众走上街头对抗军人的政治

第 9 章 政治活动：GPT 可以当美国总统吗？

家，还是利用算法暗戳戳干预政治活动的数据掮客，人工智能技术都是他们手中威力十足的大杀器，但舞剑的始终是人、剑锋所指也同样是人。智能技术对民众与政客来说都是参政的工具，只不过不同的人对这种特殊工具的利用方式和利用效率不尽相同罢了。

2023 年 3 月 1 日，人工智能"ION"接受罗马尼亚总理尼古拉·丘卡的任命，成为人类历史上首个人工智能"内阁成员"。在 ION 的制造者——罗马尼亚初创企业 HUMAN 公司为 ION 打造的官网上，可以下载到罗马尼亚语版本的技术说明文档，通过智能翻译软件可以得知文档大意如下：

ION 研究项目的重点是使用人工智能领域以及自然语言处理和计算视觉领域中最先进的技术，建立一个智能和创新的系统，快速自动地捕获罗马尼亚人的意见。ION 将使用社交网络上的公开数据，向决策者提供确凿的信息，以便根据社会状况制定公共政策。为了实现这一个终极目标，ION 项目拥有两种主要功能：**一是识别、提取和聚类与政策制定者相关的信息**。首先通过确定社交网络上最重要的帖子，就是通过技术来确定赞成者的多寡（例如 Facebook 的点赞和评论数）。再使用自然语言处理和深度学习的方法从相关帖子中提取主题，最后利用无监督学习方法根据意义和情绪（积极/消极）对主题进行聚类，从而针对政治决策者关心的主题，通过 ION 项目广泛搜集信息，明晰该主题上民意的真实诉求，帮助政府履行对罗马尼亚人的承诺，为公民服务。这种获取罗马尼亚人的线上心声的方式将为该国领导人更好地制定相关公共政策提供了更加智慧的手段。**二是根据"需要知道"原则向决策者传播信息，推动相关公共政策**。针对社会舆论开展分析，对热门的主题进行监控，追踪了解公民广泛关注的问题，从而获取在每个具体的当下罗马尼亚公民共同的声音。在人工智能的帮助下，人们最关注的问题将被优先考虑，并根据"需要知道"原则有效地推送给政治决策者，从而影响国家公共政策的制定。①

从以上文档看，ION 是一个智能内容生成技术应用无疑了，这个被安装在一面镜子里的机器学习算法，不但能够搜集该国民众的信息，解读舆论的意见，甚至还要"代表民众的心声"并将其传达给政府，帮助官员做出决定。笔者想问问罗马尼亚的总理先生，既然您认为 ION 可以帮您更好了解民意、辅弼决策，那么您会不会担心它取代您呢？

毕竟在 2018 年的俄罗斯总统大选中，俄罗斯搜索巨头 Yandex 开发的虚拟 AI 助手 Alisa 参加竞选了，虽然最终结果现在大家都已知晓，但谁又能保证这不过是人工智能冲击总统宝座的热身呢？

---

① 参见 ION 官网．[EB/OL]．https://ion.gov.ro/.

9.3 开始与结束

来到本书的最后一节,当我们掩卷沉思,畅想未来人类的生活、生产乃至生存,辩论科学、文艺与哲学在其中的扮演的角色时,脑海中不禁想到那些"技术颠覆论"的拥趸们:他们一边用PPT展示着酷炫的高科技画面,一边谈论着一个个颇具诗意的新名词,以此构建一些与以往任何时候都迥然不同的事情、与以往任何时候都迥然不同的原理、与以往任何时候都迥然不同的世界。

这种场景在科技领域是很好理解的,因为当代科学技术几乎都是"向前兼容"的,各个学科内部的新概念和新原理、新技术和新方法,都是在原有科技成果的基础上发展创新而来的,同一个学科内部不会存在两个完全矛盾的公理体系。因此,科技创新的潜台词就是认可前人的工作,但多数时候无须特别强调。今天我突破了前人,是因为我"站在巨人的肩膀上";明天别人突破了我,也是因为他吸收了我的成果,我也因之光荣。这种"继承性突破"是自然科学界所有科学家能够拥有位置和荣誉、一代代薪火相传的重要原因。

与此同时,当代的很多科技创新对原有公理体系的突破,远没有到要大呼"他们都错了!""前人全错了!"的地步。而普通民众对于新技术新发明的广泛包容,也不需要普朗克们咬着后槽牙说:"新思想新原理的确立,不是要等新一代人成长起来,而是需要老一代人死去。"

由此可见,当前热衷讲"颠覆性"或"划时代",不过是科技界在不否认继承性的基础上、对工作独创性的一种强调。这种做法放在科技界内部无可厚非,但当其扩散出去的时候,问题可就大了。

哲学社会领域的大多数学科,不是像自然科学那样"向前兼容",而是"向后涵盖",哲学社会科学领域的"好学说",不仅要对已经发生的事能够充分解释,更重要的是要对未来发生的事有强大的解释力。柏拉图、孔子之所以伟大,是因为他们的学说具备穿透时空的解释力和说服力。仅仅对前人的学说作出一点点创新,然后很快就被后人所覆盖,这种行为在哲学社会科学领域是没有太大意义的。也正因此,即便是在同一学科内部,如心理学、政治学等领域内，也是很难建立共同的"公理体系"的，能有一个大家普遍认同的基本假设就已经相当不错了，多数时候是不同流派的思想家对同一个问题作出竞争性的解释。因此哲学社会科学的研究者们对于辩论普遍比较包容，对于不同学说的态度也是比较温和的。

在这种话语环境中讲"颠覆性"，无疑是在暗示一个技术物将"颠覆所有既往思想，重构一切过往学说"。这确实是令人非常震惊，毕竟人类思想史上只发生过一次这样的事情，那就是启蒙运动对于神学体系的全面否定，使得人类社会整体进入理性主义解释世界的时代。人工智能技术对人类社会的影响，已经到这种程度了吗？

果真如此的话，那么本书所作的全部解释都将从根本上无效化，如同一个神学卫道士无论用怎样精彩的神学理论，都不可能在与启蒙运动人士的辩论中获得胜利，因为那是人类解释世界的旧方式结束、新方式开始。

从柏拉图到GPT，社会前进的车轮滚滚向前无人能挡，如果我们正处于一个新旧交替的历史时刻，当今时代的人们何其幸运！无数人梦回文艺复兴，希望能亲眼见证那一场伟大的社会变革，但请相信，大多数处在变革中的人都会陷入深深的困惑，福山这样的思想家也会写出《历史的终结与最后的人》这样"丧"的作品就足以说明，即便再优秀的大脑，只要被眼前繁杂的景象所遮蔽,一样会作出令人匪夷所思的判断。"横看成岭侧成峰,远近高低各不同。"就让我们看远一点,想多一点,至少 20 年后,不会对自己今天的定见感到好笑。

人类啊,认识自己的社会!

9.4 AI 的回答

就本章讨论的相关问题，笔者于 2023 年 4 月 5 日与 ChatGPT 进行了互动，结果如下。

==================== **ChatGPT 的解答** ====================

🙂 GPT 可以当美国总统吗？

💬 GPT 是一个人工智能语言模型，不能当美国总统或担任其他人类职位。虽然 GPT 可以生成自然语言的文本，但它没有实际的身体、情感、意识和判断能力，无法像人类一样作出决策和执行任务。此外，GPT 还缺乏人类的价值观和道德观念，无法理解复杂的伦理和社会问题，也不能像人类一样考虑不同利益和观点的平衡。因此，虽然 GPT 可以生成有关政治和社会问题的文本，但它不能取代人类领导者的角色和责任。

☺ 未来，人工智能技术对人类社会的影响将产生什么样的影响？

🤖 未来，人工智能技术将在多个领域产生重大影响，包括经济、社会、文化和政治等方面。以下是一些可能的影响。

1. 自动化生产：人工智能将使得机器人和自动化技术普及到更多领域，从而提高生产效率和降低成本。

2. 职业转型：自动化技术和机器人可能会取代某些传统的工作，导致部分人失业或需要转型学习新技能。

3. 社交变革：人工智能技术将改变人们的社交方式，可能会导致社会结构和文化变化。

4. 健康医疗：人工智能技术将改善医疗服务，提高医疗质量和效率，可能有助于延长寿命和提高生命质量。

5. 个人隐私：人工智能技术可能会产生大量个人数据，引发有关个人隐私和数据安全的争议。

6. 教育改革：人工智能技术将改变教育方式和学习方式，可能会促进教育公平和提高教育效果。

总之，人工智能技术在未来将对人类社会产生深远的影响，挑战和机遇并存，需要政府、企业和个人共同努力应对和适应。

鸣　谢

由衷感谢本书的编辑，是他们的提议和思考奠定了本书的立意与叙事。感谢北京师范大学中国社会管理研究院李韬院长，他对撰写团队的亲切指导与大力支持、以及对笔者无微不至的关心爱护，是本书成稿的关键。感谢中国科学院自动化研究所曾毅老师、中关村实验室安达老师、清华大学于洋老师、北京师范大学朱瑞老师等众多专家学者对我们的帮助，他们渊博的学识和理性的态度为本书指明了方向。

谨以此书纪念我的父亲李忠安。他视书籍为珍宝、视知识为阳光的人生态度，令我从儿时起就坚信，只要手中有书，人生就如伊甸园般绚烂。

李睿深
2023 年 4 月于北京